普通化学实验

刘　霞　鲁润华　主编

中国农业大学出版社

·北京·

内 容 简 介

　　本书主要包括绪论及实验内容两部分,其中绪论部分包含明确实验目的、掌握实验方法、遵守实验室规则及注意实验安全等内容;实验内容部分包含基本实验操作、基本理论实验操作、元素部分实验及综合、设计实验等内容。本书注重理论与实验相结合,每部分内容与普通化学理论知识密切相关,根据具体教学情况可分别作为必做或选做实验。书中还附有普通化学常用参数、常数表等。

　　本书可作为高等农林院校学生的实验教材,同时也适于理、工、医以及化学等专业学生使用,还可供从事相关专业的技术人员学习、参考。

图书在版编目(CIP)数据

普通化学实验/刘霞,鲁润华主编. —北京:中国农业大学出版社,2011.8
ISBN 978-7-5655-0371-9

Ⅰ.①普…　Ⅱ.①刘…②鲁…　Ⅲ.①化学实验-高等学校-教材　Ⅳ.①O6-3

中国版本图书馆 CIP 数据核字(2011)第 154895 号

书　　名	普通化学实验			
作　　者	刘　霞　鲁润华　主编			
策划编辑	孙　勇		**责任编辑**	李　楠
封面设计	郑　川		**责任校对**	陈　莹　王晓凤
出版发行	中国农业大学出版社			
社　　址	北京市海淀区圆明园西路 2 号		**邮政编码**	100193
电　　话	发行部 010-62731190,2620		**读者服务部**	010-62732336
	编辑部 010-62732617,2618		**出 版 部**	010-62733440
网　　址	http://www.cau.edu.cn/caup			
经　　销	新华书店		**e-mail**	cbsszs @ cau.edu.cn
印　　刷	北京时代华都印刷有限公司			
版　　次	2011 年 8 月第 1 版　 2011 年 8 月第 1 次印刷			
规　　格	787×980　 16 开本　 5.75 印张　 100 千字			
印　　数	1～3 000			
定　　价	10.00 元			

图书如有质量问题本社发行部负责调换

主　编　刘　霞　鲁润华

参　编　（按姓氏笔画排序）

　　　　王红梅　李　静　张　莉

　　　　张三兵　张春荣　周文峰

　　　　袁德凯　彭庆蓉　熊艳梅

主　审　李　楠

前　言

    普通化学实验是高等农林院校各专业本科生必修的一门重要的基础课程。根据新的教学大纲的要求,结合多年的教学实践,中国农业大学理学院无机化学教研室全体教师共同参与策划,编写了本教材。

    本教材以中国农业大学第三批基础课程建设为切入点,进一步深化实验教学的改革,提高教学质量。本教材作为普通化学的配套教材,在内容的编写上力求简明扼要,由浅入深,循序渐进,特别注重强调"双基"能力的培养和训练。本书包括6个部分:绪论,基本实验操作,基本理论实验操作,元素部分实验,综合、设计实验,附录。本教材共列出19个实验,其中综合、设计实验占了一定比例,旨在通过该实验培养学生的思维能力和创新意识。使用本教材时应视各校、各专业的实际教学情况来选定具体的实验内容,而实验教学的安排可不受实验编排序号的限制。

    本书由刘霞、鲁润华担任主编。参加本书编写的有刘霞(第1章),周文峰(第2章的2.1,2.2),熊艳梅(第2章的2.3,2.4),张莉(第2章的2.5),张三兵(第3章的3.1,3.2),李静(第3章的3.3,3.4),袁德凯(第3章的3.5,3.6),彭庆蓉(第3章的3.7,3.8),张春荣(第4章),鲁润华(第5章的5.1,5.2),王红梅(第5章的5.3,5.4)。全书由刘霞和鲁润华统稿。

    在本书的编写过程中,得到中国农业大学出版社刘军同志和孙勇同志的大力支持和帮助,本书承蒙中国农业大学李楠教授详细审阅并提出了许多宝贵的修改意见,在此一并表示衷心的谢意。

    本教材的编写还参考和引用了参考文献中的相关内容,在此对文献作者和出版社表示感谢。

    由于编写时间仓促和编者水平有限,书中难免存在疏漏和错误,恳请广大读者批评指正。

编　者

2011 年 7 月于北京

目　　录

第1章　绪论……………………………………………………………（1）

1.1　明确实验目的　…………………………………………………（1）

1.2　掌握学习方法　…………………………………………………（1）

1.3　实验室规则　……………………………………………………（4）

1.4　化学实验室安全知识　…………………………………………（5）

1.5　化学实验室事故的处理　………………………………………（6）

第2章　基本实验操作………………………………………………（7）

2.1　仪器的认领和洗涤　……………………………………………（7）

2.2　灯的使用和玻璃管的加工　……………………………………（8）

2.3　试剂的取用和试管操作　………………………………………（13）

2.4　台秤和分析天平的使用　………………………………………（14）

2.5　溶液的配制　……………………………………………………（17）

第3章　基本理论实验操作…………………………………………（19）

3.1　粗盐的提纯　……………………………………………………（19）

3.2　铝锌合金中组分含量的测定　…………………………………（21）

3.3　化学反应速率、反应速率常数及活化能的测定　……………（24）

3.4　醋酸电离常数的测定、缓冲溶液的配制及性质　……………（27）

3.5　沉淀溶解平衡　…………………………………………………（31）

3.6　氧化还原反应　…………………………………………………（34）

3.7　配合物的生成及性质　…………………………………………（39）

3.8　银氨配离子配位数的测定　……………………………………（42）

第4章　元素部分实验………………………………………………（46）

4.1　常见阳离子的定性鉴定　………………………………………（46）

4.2　常见阴离子的定性鉴定　………………………………………（49）

第5章　综合、设计实验……………………………………………（53）

5.1　磺基水杨酸合铁(Ⅲ)配合物组成及稳定常数的测定…………（53）

5.2　由海盐制试剂级的氯化钠………………………………………（57）

5.3　离子鉴定和未知物的鉴别………………………………………………(58)

5.4　由废铁屑制备硫酸亚铁铵………………………………………………(60)

附录 ……………………………………………………………………………(61)

附录1　化学实验常用仪器介绍 ……………………………………………(61)

附录2　不同温度下水的饱和蒸气压 ………………………………………(66)

附录3　常用酸、碱的浓度……………………………………………………(67)

附录4　弱电解质的电离常数(18～25℃) …………………………………(68)

附录5　难溶强电解质的溶度积常数 $K_{sp}^{\ominus}$(18～25℃) ………………………(69)

附录6　标准电极电势(18～25℃)……………………………………………(70)

附录7　常见配离子的稳定常数(18～25℃) ………………………………(76)

附录8　常见离子和化合物的颜色 …………………………………………(77)

附录9　常见化合物的相对分子质量 ………………………………………(78)

参考文献 ………………………………………………………………………(82)

第 1 章 绪 论

1.1 明确实验目的

化学是一门实验性极强的科学。化学中的定律和学说源于实验,同时又被实验所检验,可以说没有实验就没有化学。

普通化学和普通化学实验是农林院校各专业学生的必修基础课。通过普通化学实验,可加深学生对化学基本理论和基础知识的理解和掌握;培养学生正确掌握实验的基本操作方法和基本实验技能;培养学生独立工作和独立思考能力;培养学生实事求是、一丝不苟的科学态度,细致、整洁和准确的科学习惯;培养学生团结协作、吃苦耐劳、开拓创新的科学精神。通过普通化学实验,使学生逐步掌握科学研究方法,为其他后继课程的学习和科研打下坚实的基础。

1.2 掌握学习方法

1.2.1 预习

为了使实验达到预期的效果,在实验之前必须做好充分的预习和准备。预习除了要阅读实验教材、教科书及相关理论知识的参考资料,明确实验目的、了解实验内容、步骤、操作过程和注意事项外,还需要写预习报告。

若发现学生预习不够充分,教师可让学生停止实验,要求其熟悉实验内容之后再进行实验。

1.2.2 实验

著名化学家戴安邦认为"化学实验是实施全面化学教育的最有效的教学形式","化学实验再怎么强调都不为过"。可见化学实验在化学学习和研究中起着十分重要的作用。实验时应做到以下几点:

①认真操作,细致观察,及时如实地做好记录。

②勤思考,仔细分析,力求独立解决问题。遇到难以解决的问题,请教老师指点。

③若发现实验现象与理论不符合,应首先尊重实验事实,认真分析和查找原因并予以排除,从而得到有益的科学结论。

④在实验过程中保持肃静,严格遵守实验室规则。

1.2.3 整理、书写实验报告

实验报告是对实验现象进行解释并作出结论,或对实验数据进行处理和计算。实验报告包括实验目的、实验步骤和现象、实验数据的处理、结论和讨论。

书写实验报告要求字迹工整,文字精练,图表规范、数据处理科学,讨论认真,结论正确。关于实验步骤的描述不可照抄书本上的实验步骤,应对所做的实验内容作概要的描述。

下面列举几种不同类型的实验报告格式,仅供参考。

化学测定实验报告

实验题目:＿＿＿＿＿＿＿＿＿＿＿＿＿＿＿＿＿＿室温＿＿＿＿＿气压＿＿＿＿＿

专业＿＿＿＿＿＿＿＿＿＿＿＿　姓名＿＿＿＿＿＿　日期＿＿＿＿＿＿

测定原理:

实验操作:

数据记录:

结果处理:

问题与讨论:

指导教师签名:＿＿＿＿＿＿＿＿

化学合成实验报告

实验题目：＿＿＿＿＿＿＿＿＿＿＿＿＿＿＿＿＿＿＿室温＿＿＿＿＿气压＿＿＿＿＿

专业＿＿＿＿＿＿＿＿＿＿＿＿　　姓名＿＿＿＿＿＿　　日期＿＿＿＿＿＿＿＿

基本原理：

实验过程及现象：

实验结果：

产品外观：

产量：

产率：

问题与讨论：

指导教师签名：＿＿＿＿＿＿

化学性质实验报告

实验题目：_____室温_____气压_____

专业_____　姓名_____　日期_____

实验内容	实验现象	结论与解释

指导教师签名：_____

1.3　实验室规则

为了保证普通化学实验有秩序地进行,防止意外事故的发生,学生必须严格遵守实验室规则。

①实验前做好预习,并检查实验所需的药品、仪器是否齐全。

②实验中保持肃静,不大声喧哗,不迟到,不早退。不得无故缺课,因故缺课未做的实验应补做。

③实验时集中精神,认真操作,仔细观察,如实做记录。

④爱护国家财物,小心使用仪器和实验设备,注意节约水、电和煤气。如损坏了仪器,必须及时登记补领。

⑤严格按操作规程使用精密仪器,避免粗心大意而损坏仪器。如发现仪器有故障,应立即停止使用,报告教师,及时排除故障。

⑥保持实验台面的整洁,火柴梗、废纸等固体废物应倒入垃圾箱内,不得丢入水槽中,以防堵塞下水管道。废酸和废碱应分别倒入指定的废液缸中。

⑦按规定的量取用药品,节约药品。称取药品后,要及时盖好瓶盖,放在指定位置上的公共药品不得擅自移开。

⑧实验结束后,洗净所用的仪器并整齐地摆放到实验柜内,清洁实验台面。

⑨实验后,学生轮流值日,负责打扫和整理实验室,检查水龙头、电闸是否关好,实验室门、窗是否关紧。

⑩不得做规定以外的实验。如实验过程发生意外事故,需保持镇静,勿惊慌失措。遇有烫伤、烧伤、割伤等立即报告教师,以便得到急救和治疗。

1.4 化学实验室安全知识

化学实验时经常使用玻璃仪器。化学药品中很多是易燃、易爆、有毒和腐蚀性的。因此必须掌握安全知识,加强安全防范意识,严格遵守实验室的安全规则。

①实验室禁止饮食、吸烟,禁止携带食具。

②禁止用湿润的手、物接触电源。水、电、煤气使用完毕立即关闭。点燃的火柴用后立即熄灭,切勿乱扔。

③不得随意混合各种化学药品,以免发生意外事故。

④使用浓 HNO_3、浓 HCl、浓 H_2SO_4,及反应中产生有毒或腐蚀性气体如 Cl_2、H_2S 等的实验必须在通风橱内进行。

⑤试管加热时,切记不可将试管口对着自己和别人,也不要俯视正在加热的液体,以防液体溅出被烫伤。

⑥浓酸、浓碱具有强腐蚀性,切勿溅到皮肤和衣服上,以免腐蚀伤。

⑦一些有机溶剂如乙醚、乙醇、丙酮等极易引燃,使用时必须远离明火,取用完毕立即盖紧瓶塞。

⑧嗅闻气体时,不要俯向容器口,而是用手将少量的气体轻轻地扇向自己的鼻孔。

⑨有毒药品如重铬酸钾、铅盐、钡盐、汞盐和氰化物,用过后不可倒入下水道,要集中处理。银氨溶液不能留存,因久置后会变成氮化银而爆炸。

⑩实验室所有的药品禁止带出实验室,所剩的有毒药品实验结束后必须交还给教师。

1.5　化学实验室事故的处理

（1）创伤、玻璃划破　若被玻璃划破，应先把伤口处的玻璃挑出来。轻伤用双氧水或硼酸洗净伤口，涂上紫药水或碘酒、红汞，必要时撒上消炎粉或敷些消炎膏，用绷带包扎。伤势严重、流血不止时，用纱布在伤口上部约 10 cm 处扎紧，压迫止血，随即送到医院。

（2）酸腐伤　先用大量的水冲洗，然后用饱和 Na_2CO_3 溶液或稀氨水、肥皂水洗，最后再用水冲洗。如酸溅到眼睛里，立即用大量水冲洗并送医院。

（3）碱腐伤　先用大量的水冲洗，再用 2％醋酸溶液或饱和硼酸溶液冲洗，最后再用水冲洗。如碱溅到眼睛里，立即用大量水冲洗，再用硼酸洗。

（4）溴腐伤　用苯或甘油洗涤伤口，再用水洗。

（5）烫伤　不要用冷水冲洗。轻伤者涂以鞣酸油膏，重伤者涂以烫伤油膏后送往医院。

（6）磷灼伤　用1％的 $AgNO_3$、5％的 $CuSO_4$ 或浓的 $KMnO_4$ 溶液洗涤伤口，然后包扎。

（7）吸入刺激性或有毒气体　吸入 Cl_2、HCl 气体时，可吸入少量酒精和乙醚的混合蒸气来解毒。吸入 H_2S、CO 气体感到不适时，应马上到室外呼吸新鲜空气以解毒。

（8）毒物入口　毒物尚未咽下，应立即吐出来，用大量水冲洗口腔；如已咽下，内服稀 $CuSO_4$ 溶液，用手指伸入咽喉催吐后，立即送医院。

（9）触电　立即切断电源。必要时再进行人工呼吸。

（10）起火　起火后，为防止火势蔓延，要立即切断电源、移走易燃药品。同时针对起火原因立即采取措施灭火。火势小时采用湿布、石棉布或沙子覆盖燃烧物即灭火；火势大时，可使用泡沫灭火器。电器设备引起的火灾，先切断电源，然后用二氧化碳或四氯化碳灭火器灭火。衣服着火时，切勿奔跑，应立即倒在地上打滚，或赶快脱下衣服，用石棉布覆盖。

第2章 基本实验操作

2.1 仪器的认领和洗涤

2.1.1 实验目的

①领取普通化学实验常用仪器,熟悉常用仪器的名称、规格、用途和使用时注意事项。

②练习常用仪器的洗涤和干燥方法。

2.1.2 实验内容与步骤

(1)认领、清点仪器　按照教师要求对号入桌。对照仪器清单认领并清点仪器,多退少补,如有破损,应及时找教师更换(认真检查,一经水洗,不再调换)。并熟悉这些仪器的名称、规格、用途及使用注意事项。

(2)分类洗涤各种仪器

①仪器洗涤:实验所用的玻璃仪器必须是洁净的,需要对玻璃仪器进行洗涤。玻璃仪器的一般洗涤方法有冲洗法、刷洗法及药剂洗涤法。在实验室中要根据实验要求、污物性质和玷污的程度选用合适的洗涤方法。

a. 冲洗法:对于尘土或可溶性污物用水来冲洗。洗涤时先往容器内注入约容积 1/3 的水,稍用力振荡后把水倒掉,如此反复冲洗数次。

b. 刷洗法:内壁附有不易冲洗掉的物质,可用毛刷刷洗。通过毛刷对器壁的摩擦去掉污物。实验室里有一系列毛刷,刷洗时需要按照所洗涤仪器的类型、规格大小来选择合适的毛刷。刷洗后,再用自来水淋洗2~3 次,最后用蒸馏水淋洗2~3次。

c. 药剂洗涤法:对于以上两法都洗不去的污物,需要用洗涤剂或药剂来洗涤。对油污或一些有机污物等,可用毛刷蘸取洗涤剂或去污粉来刷洗。对于更难洗涤的污物则用铬酸洗液或王水洗涤。用铬酸洗液或王水洗涤时,先往仪器内注入少量洗液,使仪器倾斜并慢慢转动,让仪器内壁全部被洗液湿润。再倒入洗液并转动仪器,使洗液在内壁流动,经流动几圈后,把洗液倒回原瓶(不可倒入水池或废液桶! 铬酸洗液变暗绿色失效后可另外回收再生使用)。对玷污严重的仪器可用洗液浸泡一段时间,或者用热洗液洗涤。用洗液洗涤时,绝不允许将毛刷放入洗瓶中! 倾出洗液后,再用自来水冲洗或刷洗,最后用蒸馏水淋洗。

②洗净标准:仪器外观清洁、透明,器壁均匀地附着一层水膜,既不聚成水滴,也不成股流下。

练习:洗涤试管 2 支、烧杯 1 个。

(3)玻璃仪器的干燥　实验中要求有些仪器必须是干燥的,实验室里常用的仪器干燥方法有以下几种:

a. 晾干法:倒置让水自然挥发,适于容量仪器。有刻度的容量仪器不能用加热的方法进行干燥,会影响仪器的精度。

b. 烤干法:适于可加热或耐高温的仪器,如试管、烧杯等,烧杯、蒸发皿等可放在石棉网上,用小火烤干,试管可用试管夹夹住,在火焰上来回移动,直至烤干,但管口须低于管底。

c. 烘干法:在电烘箱中于 105℃烘 0.5 h,仪器口朝下,在烘箱的最下层放一陶瓷盘,接住从仪器上滴下来的水,以免水损坏电热丝。

d. 吹干法:洗涤后直接用电吹风机吹干(也可以用少量乙醇、丙酮等有机溶剂润洗后再吹干)。

练习:用烤干法干燥大试管 1 支、大烧杯 1 个。

2.1.3　注意事项

①铬酸洗液有强烈的腐蚀作用并有毒,勿用手接触;
②洗涤用水应遵循少量多次的原则;
③已经洗涤干净的仪器不能用布和软纸擦拭;
④将洗涤后的仪器按一定规则(里高外矮,常用靠外)整齐排列在实验台上。

2.1.4　思考题

①烤干试管时,为什么开始管口要略向下倾斜?
②什么样的仪器不能用加热的方法进行干燥? 为什么?

2.2　灯的使用和玻璃管的加工

2.2.1　实验目的

①了解酒精灯和酒精喷灯的构造和原理,掌握正确的使用方法。

②练习玻璃管(棒)的截断、弯曲、拉制和熔烧等基本玻璃工操作。

2.2.2　实验内容与步骤

酒精灯和酒精喷灯是实验室常用的加热器具,目前煤气灯已不常用。酒精灯的温度一般可达 400～500℃,酒精喷灯可达 700～1 000℃。

(1)酒精灯　酒精灯一般是用玻璃制成的。它由灯壶、灯帽和灯芯构成(图 2-2-1)。

酒精灯的正常火焰分为 3 层(图 2-2-2)。内层为焰心,温度最低。中层为内焰(还原焰),温度较高。外层为外焰(氧化焰),温度最高。进行实验时,一般都用外焰来加热。使用方法如下:

①检查灯芯,并修整:若灯芯不齐或烧焦,应用剪刀修整为平头等长。

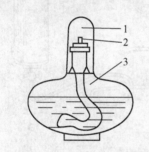

图 2-2-1　酒精灯的构成
1. 灯帽　2. 灯芯　3. 灯壶

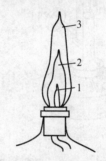

图 2-2-2　酒精灯的火焰
1. 焰心　2. 内焰　3. 外焰

②用漏斗添加酒精:酒精灯壶内的酒精少于其容积的 1/2 时,应及时添加酒精,但酒精不能装得太满,以不超过灯壶容积的 2/3 为宜。添加酒精时,首先必须熄灭火焰,绝不允许在酒精灯燃着时添加酒精,否则很易起火而造成事故。

③用火柴点燃:新装的灯芯须放入灯壶内酒精中浸泡,使整个灯芯都浸透酒精,调整好长度才能点燃。一定要用火柴点燃,绝不允许用燃着的另一酒精灯对点,否则会将酒精洒出而引起火灾(图 2-2-3)。

④加热:加热时,若无特殊要求,一般用温度最高的火焰(外焰与内焰交界部分)来加热器具。

⑤熄灭:加热完毕或因添加酒精要熄灭酒精灯时,必须用灯帽盖灭,盖灭后需重复盖一次,让空气进入并让热量散发,以免冷却后盖内造成负压使盖打不开。绝不允许用嘴吹灭酒精灯。

(2)酒精喷灯　酒精喷灯的类型见图 2-2-4。喷灯主要由灯管、空气调节器、

图 2 - 2 - 3　酒精灯的点燃

1. 正确　2. 错误

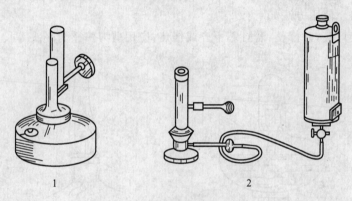

图 2 - 2 - 4　酒精喷灯的类型

1. 座式　2. 挂式

预热盘、酒精壶、帽子等部件组成(图 2 - 2 - 5)。

酒精喷灯的使用方法如下:

①使用酒精喷灯时,首先用捅针捅一捅酒精蒸气出口,以保证出气口畅通;

②借助小漏斗向酒精壶内添加酒精,酒精壶内的酒精不能装得太满,以不超过酒精壶容积(座式)的 2/3 为宜;

③往预热盘里注入一些酒精,点燃酒精使灯管受热,待酒精接近燃完且在灯管口有火焰时,上下移动调节器调节火焰为正常火焰;

④座式喷灯连续使用不能超过半小时,如果超过半小时,必须暂时熄灭喷灯,待冷却后,添加

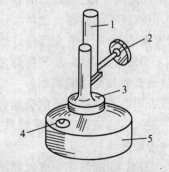

图 2 - 2 - 5　座式酒精喷灯的构造

1. 灯管　2. 空气调节器　3. 预热盘
4. 帽子　5. 酒精壶

酒精再继续使用；

⑤用毕后，用石棉网或硬质板盖灭火焰，也可以将调节器上移来熄灭火焰。若长期不用，须将酒精壶内剩余的酒精倒出；

⑥若酒精喷灯的酒精壶底部凸起则不能再使用，以免发生事故。

（3）玻璃加工

①截割和熔烧操作（图 2-2-6）：

a. 锉痕：将玻璃管（棒）平放在桌面上，依需要的长度左手按住要切割的部位，右手用锉刀的棱边（或薄片小砂轮）在要切割的部位按一个方向（不要来回锯）用力锉出一道凹痕，锉出的凹痕应与玻璃管（棒）垂直。

b. 截断：双手持玻璃管（棒），两拇指齐放在凹痕背面，轻轻地由凹痕背面向外推折，同时两食指和拇指将玻璃管（棒）向两边拉，将玻璃管（棒）截断。

c. 熔光：切割的玻璃管（棒），其截断面的边缘很锋利，容易割破皮肤、橡皮管或塞子，所以必须放在火焰中熔烧，使之平滑，这个操作称为熔光（或圆口）。将刚切割的玻璃管（棒）的一头插入火焰中熔烧。熔烧时角度一般为 45°，并不断来回转动玻璃管（棒）直至管口变成红热平滑为止。灼热的玻璃管（棒）应放在石棉网上冷却，不要用手去摸，以免烫伤。

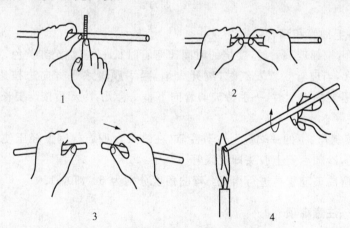

图 2-2-6　玻璃管（棒）的锉痕、截断和熔光
1. 锉痕　2、3. 截断　4. 熔光

②弯管（图 2-2-7）：

a. 烧管：先将玻璃管用小火预热一下，然后双手持玻璃管，把要弯曲的部位斜插入喷灯火焰中，缓慢而均匀地转动玻璃管，使之受热均匀，两手用力均等，转速缓慢、一致，以免玻璃管在火焰中扭曲，加热至玻璃管发黄变软时，即可自焰中取出，

进行弯管;

b. 弯管:将变软的玻璃管取离火焰后稍等 1~2 s,使各部温度均匀,用"V"字形手法(两手在上方,玻璃管的弯曲部分在两手中间的正下方)缓慢地将其弯成所需的角度。弯好后,待其冷却变硬才可撒手,将其放在石棉网上继续冷却。冷却后应检查其角度是否准确,整个玻璃管是否处于同一个平面上。120°以上的角度可一次弯成,但弯制较小角度的玻璃管则需分几次弯制,首先弯成一个较大的角度,然后在第一次受热弯曲部位稍偏左或稍偏右处进行第二次加热弯曲,如此第三次、第四次加热弯曲,直至变成所需的角度为止。

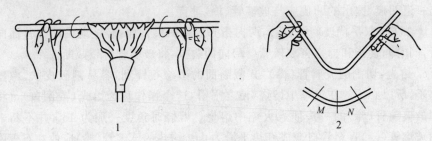

图 2-2-7　烧管和弯管

1. 烧管　2. 弯管

③制备毛细管和滴管:

a. 烧管:拉细玻璃管时,要烧的时间比弯管时长一些,烧至红黄色;

b. 拉管:当玻管变软发红时,离开火焰,两手顺着水平方向边拉边旋转玻璃管,拉到所需的细度时,一手持玻璃管向下垂一会儿,冷却后按需要长短截断,形成两个尖嘴管;

c. 滴管制作:粗的一端烧至发黄变软,在铁架台或石棉网上轻压使其外翻,细的一头熔光,冷却后安上胶头即成滴管。

练习:弯曲玻璃管再进行熔光,弯曲角度分别为 60°、90°、120°。

2.2.3　注意事项

①安全操作:酒精是易燃品,使用时要多加小心。

②注意临空火焰和侵入火焰产生的原因及处理方法。

③受热玻璃不能直接放在实验台上,要放在石棉网上。

④注意灯的点燃、熄灭等规范操作。

2.2.4　思考题

①弯曲和拉细玻璃管时玻璃管的温度有什么不同？为什么要不同呢？

②弯制好了的玻璃管,如果和冷的物件接触会发生什么不良的后果？应该怎样才能避免？

③酒精灯的火焰分为几层？如何试验各层的温度和性质？

④怎样拉制滴管？制作滴管时应注意些什么？

2.3　试剂的取用和试管操作

2.3.1　实验目的

①学习并掌握固体和液体试剂的取用方法。

②练习并掌握试管的振荡、加热等操作。

2.3.2　试剂的取用

(1)试剂取用规则

①取用试剂时要先看清瓶上的标签。

②取用时先将瓶盖倒放在桌面上,取用完毕应立即把瓶盖紧。

③取用固体试剂必须用清洁、干燥的药匙。取用液体试剂应把贴有标签的一面向手心,沿着容器的内壁倒入。

④多取的试剂不可放回原瓶,可放入指定容器内供他人使用。

⑤有毒药品要在教师指导下取用。

(2)固体试剂的取用

①固体粉末和细小颗粒试剂的取用一般有两种方法,即药匙法和纸槽法。首先应将试管横放或倾斜,然后将盛固体粉末试剂的纸槽或药匙送入试管底部,将试管缓缓直立,使固体粉末试剂落入试管底部,最后将纸槽或药匙从试管中抽出。

②密度较大的块状试剂放入玻璃容器时,应先把容器横放,把试剂放入容器口,再把容器慢慢竖立起来,使试剂缓慢滑到容器底部,以免打破容器。

(3)液体试剂的取用

①取用少量液体可用滴管。取液时,先取出滴管,捏紧胶头,排除空气和液体,再吸取液体。滴管取出后不可平放和倒放,滴试剂时下端不可接触接受器皿,且滴液时滴管保持垂直,避免倾斜。用后立即插入原试剂瓶中。

②取用大量液体可用倾倒法。注意瓶塞反放在桌面上,手握住试剂瓶上贴标签一面。瓶口紧挨试管口,使液体沿试管内壁流下,用完后塞好瓶塞。

③定量取用液体时要用量筒。视线要与量筒内液体凹液面的最低处保持水平,读出液体的体积。

2.3.3　试管操作

(1)振荡试管　用拇指、食指和中指持住试管的中上部,试管略倾斜,手腕用力震动试管。

(2)试管中液体试剂的加热　用试管夹夹住试管中上部,试管相对桌面倾斜。注意试管口不能对着人或自己。先加热液体的中上部,慢慢移动试管加热下部,不时地移动或振荡试管,使各部分受热均匀。

(3)试管中固体试剂的加热　将固体试剂装入试管底部铺平,管口略向下倾斜(请思考为什么)。先用火焰来回加热,然后固定在有固体物质的部位加强热。

2.4　台秤和分析天平的使用

2.4.1　实验目的

①熟练掌握台秤(即托盘天平)的使用方法。
②学习分析天平(即电子天平)的使用方法。
③学会用直接法和差减法称量样品。

2.4.2　天平的构造及工作原理

(1)托盘天平　托盘天平是实验室粗称药品和物品不可缺少的称量仪器,其最大称量(最小准称量)为 1 000 g(1 g)、500 g(0.5 g)、200 g(0.2 g)、100 g(0.1 g)。托盘天平构造如图 2-4-1 所示,通常横梁架在底座上,横梁中部有指针与刻度盘相对,据指针在刻度盘上左右摆动情况,判断天平是否平衡,并给出称量量。横梁左右两边上边各有一秤盘,用来放置试样(左)和砝码(右)。

由天平构造显而易见其工作原理是杠杆原理,横梁平衡时力矩相等,若两臂长相等则砝码质量就与试样质量相等。

(2)电子天平　电子天平如图 2-4-2 所示,其称量是依据电磁力平衡原理。秤盘通过支架连杆与一线圈相连,该线圈置于固定的永久磁铁——磁钢之中,当线圈通电时自身产生的电磁力与磁钢磁力作用,产生向上的作用力。该力与秤盘中称量物的向下重力达到平衡时,此线圈通入的电流与该物重力成正比。利用该电流大小可计量称量物的重量。其线圈上电流大小的自动控制与计量通过该天平的位移传感器、调节器及放大器实现。当盘内物重变化时,与盘相连的支架连杆带动线圈同步下移,位移传感器将此信号检出并传递,经调节器和电流放大器调节线圈电流大小,使其产生向上之力推动秤盘及称量物恢复原位置为止,重新达到线圈电磁力与物重力平衡,此时的电流可计量物重。

图 2-4-1　托盘天平

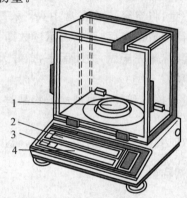

图 2-4-2　电子天平
1. 秤盘　2. 质量显示屏　3. 开关　4. 去皮按键

2.4.3　实验步骤

(1)托盘天平的称量操作

①调零:将游码归零,调节调零螺母,使指针在刻度盘中心线左右等距离摆动,表示天平的零点已调好,可正常使用。

②称量:在左盘放试样,右盘用镊子夹入砝码(由大到小),再调游码,直至指针在刻度盘中心线左右等距离摆动。砝码及游码指示数值相加则为所称试样质量。

③恢复原状:要求把砝码移到砝码盒中原来的位置,把游码移到零刻度,把夹取砝码的镊子放到砝码盒中。

注意事项:

①不能称量热的物品。

②化学药品不能直接放在托盘上,应根据情况放在烧杯中、表面皿或称量纸上。

(2)电子天平的使用方法

①接电源:接通电源,打开开关。

②调零:检查天平是否水平(天平后面的水平泡应位于水平仪的中心),如不水平,应通过调节天平前边左、右两个水平支脚而使其达到水平状态。按一下"开/关"键,开启天平,显示屏应很快出现"0.0000 g",如显示不是"0.0000 g",应按去皮按键(TAR键)进行调零。

③称量:打开天平侧门,将称量物轻轻放在秤盘上。关闭侧门,待显示屏上的数字稳定并出现质量单位"g"后,即可读数并记录称量结果。

④皮称量:将空容器放在盘中央,按 TAR 键显示零,即去皮。将称量物放在空容器中,待读数稳定后,天平所示读数即为所称物体的质量。

⑤收起:称量完毕后,关闭天平,盖好天平罩。

注意事项:

①称量易挥发和具有腐蚀性的物品时,要盛放在密闭的容器内,以免腐蚀和损坏电子天平。

②读数时要关闭天平的两边侧门,防止气流影响读数。

2.4.4　称量方法

(1)直接称量法　用来直接称量固体样品的质量,如小烧杯。要求所称样品洁净、干燥,不易潮解、升华,且无腐蚀性。

方法:天平零点调好以后,把被称样品用一干净的纸条套住(也可戴专用手套),放在天平盘中央,所得读数即为被称样品的质量。

(2)固定质量称量法　用于称量指定质量的试样,如称量基准物质,用来配制一定浓度和体积的标准溶液。要求试样不吸水,在空气中性质稳定,颗粒细小(粉末)。

方法:先称出容器的质量,然后用牛角勺将试样慢慢加入盛放试样的容器中,当所加试样与指定质量相差不到 10 mg 时,小心地将盛有试样的牛角勺伸向称量盘的容器上方 2～3 cm 处,勺的另一端顶在掌心上,用拇指、中指及掌心拿稳牛角勺,并用食指轻弹勺柄,将试样慢慢抖入容器中。此操作必须十分仔细。

(3)差减称量法　用于称量一定质量范围的试样。

方法:将称量瓶放到天平盘的中央,称出称量瓶及试样的准确质量(准确到 0.1 mg),记下读数,设为 $m_1(g)$。将称量瓶拿到接受容器上方,右手用纸片夹住瓶盖柄,打开瓶盖。将瓶身慢慢向下倾斜,并用瓶盖轻轻敲击瓶口,使试样慢慢落入容器内(不要把试样撒在容器外)(图 2-4-3)。估计倾出的试样已接近所要求的质量时,慢慢将称量瓶竖起,并用盖轻轻敲瓶口,使黏附在瓶口上部的试样落入瓶内,盖好瓶盖,将称量瓶放回再称量。准确称取其质量,设此时质量为 $m_2(g)$,则倒入接受容器中的质量为(m_1-m_2)。重复以上操作,可称取多份试样。

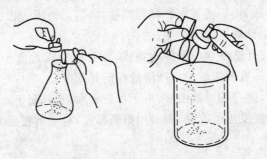

图2-4-3 差减称量操作

2.5 溶液的配制

2.5.1 实验目的

①了解和掌握实验室常用溶液的配制方法。

②学习容量瓶和移液管的使用方法。

2.5.2 实验原理

化学实验中通常配制的溶液有一般溶液和标准溶液。

(1)一般溶液的配制

①稀释法:对于液态试剂,如盐酸、硫酸、硝酸、醋酸等,配制其稀溶液时,先用量筒量取所需量的浓酸,用适量蒸馏水稀释。要特别注意的是,配制稀的硫酸溶液时,应在不断搅拌下将浓硫酸缓慢地倒入盛水的容器中,顺序不可颠倒。

②直接水溶法:对 NaOH、NaCl、KNO$_3$ 等易溶于水而不发生水解的固体试剂,可用台秤称取一定量的固体于烧杯中,加入少量蒸馏水,搅拌溶解后稀释至所需体积,再转移到试剂瓶中。

③间接水溶法:对 FeCl$_3$、SnCl$_2$ 等易水解的固体试剂,配制其水溶液时,称取一定量的固体,加入适量一定浓度的酸使之溶解,再以蒸馏水稀释,摇匀后转入试剂瓶。

(2)标准溶液的配制 基准物质是组成一定且与化学式完全一致、纯度很高且性质稳定的试剂,可用于直接配制标准溶液或用于标定其他溶液的浓度。对于非基准物质,配制其标准溶液时,则采用标定法。

①直接法:用分析天平准确称取一定量的基准物质于烧杯中,加入适量的蒸馏水溶解后转入容量瓶,再用蒸馏水稀释至刻度,摇匀后使用。根据所称取物质的质量和容量瓶的体积,计算其准确浓度。

②标定法:不符合基准物质条件的物质,可先粗配成近似于所需浓度的溶液,再用基准物质或已知准确浓度的标准溶液标定其浓度。

需要注意的是,储存的标准溶液,由于水分蒸发,水珠凝于瓶壁,使用前应将溶液摇匀。若溶液浓度发生了改变,则必须重新标定,对于不稳定的溶液应定期标定其浓度。

2.5.3 仪器和试剂

(1)仪器 台秤,分析天平,烧杯(50 mL),量筒(10 mL),容量瓶(100 mL),移液管(25 mL),滴瓶,玻璃棒。

(2)试剂 浓盐酸,NaOH,NaCl,Na_2CO_3。

2.5.4 实验内容及步骤

(1)一般溶液的配制

①酸溶液的配制:用浓盐酸配制 100 mL 1 mol·L^{-1}盐酸溶液,储于滴瓶中。

②碱溶液的配制:用固体 NaOH 配制 100 mL 1 mol·L^{-1} NaOH 溶液,储于滴瓶中。

③盐溶液的配制:用固体 NaCl 配制 100 mL 0.5 mol·L^{-1} NaCl 溶液,储于滴瓶中。

(2)标准溶液的配制

①配制 100 mL 0.200 0 mol·L^{-1} Na_2CO_3 溶液:用分析天平准确称取适量的 Na_2CO_3 试样于烧杯中,加入适量蒸馏水溶解后,定量转移至 100 mL 容量瓶中,定容,摇匀。贴好标签待用。

②用稀释法配制 100 mL 0.050 00 mol·L^{-1} Na_2CO_3 溶液:用 25 mL 移液管准确移取之前配制的 0.200 0 mol·L^{-1} Na_2CO_3 于另一 100 mL 容量瓶中,定容,摇匀。

2.5.5 思考题

①配制稀盐酸溶液及氢氧化钠溶液时,所用水的体积是否需要准确量取?为什么?

②用容量瓶配制溶液时,是否应事先干燥容量瓶?

③为什么移液管必须要用所吸取的溶液润洗 3 次?

第3章 基本理论实验操作

3.1 粗盐的提纯

3.1.1 实验目的

①学习提纯粗盐的基本方法。

②掌握台秤的使用以及溶解、沉淀洗涤、常压过滤、减压过滤、蒸发浓缩、结晶和干燥等基本操作。

③学会 Ca^{2+}、Mg^{2+}、SO_4^{2-} 等离子的定性检验方法。

3.1.2 实验原理

粗盐中的泥沙等不溶性杂质可用过滤的方法除去,而 Ca^{2+}、Mg^{2+} 和 SO_4^{2-} 等离子需要用化学方法转化成沉淀经过滤除去。方法如下:

首先在粗盐溶液中加入稍过量的 $BaCl_2$ 溶液,除去 SO_4^{2-}。过滤除去不溶性杂质和 $BaSO_4$ 沉淀。再向滤液中加入适量的 Na_2CO_3 溶液,除去 Ca^{2+}、Mg^{2+} 和过量的 Ba^{2+},产生的沉淀用过滤的方法除去。过量的 CO_3^{2-} 用 HCl 溶液中和。其他如 K^+ 和可溶性杂质含量少,蒸发浓缩后不结晶,仍留在溶液中,趁热抽滤即可除去。

有关的离子反应方程式如下:

$$Ba^{2+} + SO_4^{2-} == BaSO_4 \downarrow$$
$$Ca^{2+} + CO_3^{2-} == CaCO_3 \downarrow$$
$$Ba^{2+} + CO_3^{2-} == BaCO_3 \downarrow$$
$$2Mg^{2+} + 3CO_3^{2-} + 2H_2O == 2HCO_3^- + Mg_2(OH)_2CO_3 \downarrow$$

3.1.3 仪器和试剂

(1)仪器 台秤及砝码,电炉,石棉网,烧杯(100 mL,2 个),量筒(10 mL 1 个,50 mL 1 个),玻璃棒,塑料洗瓶,普通漏斗,漏斗架,布氏漏斗,吸滤瓶,水泵,橡皮头滴管,坩埚钳,蒸发皿,pH 试纸,药匙,滤纸。

(2)试剂 粗盐,HCl($6\ mol \cdot L^{-1}$),$BaCl_2$($1\ mol \cdot L^{-1}$),NaOH($6\ mol \cdot$

L^{-1}），Na_2CO_3（饱和），$(NH_4)_2C_2O_4$（饱和），镁试剂。

3.1.4　实验内容及步骤

（1）粗盐的称取和溶解　在台秤上称取约 5 g 粗盐置于 100 mL 烧杯中，用量筒量取 20 mL 去离子水加入到烧杯，加热、搅拌使粗盐溶解。

（2）除 SO_4^{2-}　加热粗盐溶液至近沸，边搅拌边逐滴加入 1 mol·L^{-1} $BaCl_2$ 溶液，直至不生成沉淀。

（3）检查 SO_4^{2-} 是否除尽　将烧杯从石棉网上取下，待沉淀沉降后，沿杯壁往上层清液中加入 1～2 滴 6 mol·L^{-1} HCl 溶液，再滴加 $BaCl_2$ 溶液，观察有无浑浊。如有浑浊，说明 SO_4^{2-} 没被除净，需继续滴加 $BaCl_2$ 溶液。如不浑浊，说明 SO_4^{2-} 已被除尽。沉淀完全后需继续加热 5 min，使沉淀颗粒长大易于过滤。用普通漏斗过滤，收集滤液，弃去沉淀。

（4）除 Ca^{2+}、Mg^{2+} 和 Ba^{2+}　将除 SO_4^{2-} 后的滤液加热至近沸，边搅拌边滴加饱和 Na_2CO_3 溶液，直到无沉淀生成为止。

（5）检查 Mg^{2+} 是否除尽　将烧杯从石棉网上取下，待沉淀沉降后，沿杯壁在上层清液中加入 1～2 滴饱和 Na_2CO_3 溶液，观察有无浑浊。如有浑浊，说明 Mg^{2+} 没被除净，需继续滴加饱和 Na_2CO_3 溶液。如不浑浊，说明 Mg^{2+} 已被除尽。沉淀完全后需继续加热 5 min。用普通漏斗过滤，收集滤液，弃去沉淀。

（6）中和　往滤液中逐滴加入 6 mol·L^{-1} HCl 溶液，加热搅拌，直到溶液的 pH＝2～3 为止。

（7）浓缩、结晶　将中和后的溶液蒸发浓缩至呈黏粥状，趁热抽滤，抽干。

（8）干燥、称量　将食盐晶体转移到蒸发皿中，边搅拌边用小火烘干。冷却后称量，计算收率。

（9）提纯后纯度检验　取约 1 g 提纯后的食盐，溶于 10 mL 水，分装在 3 支试管中。

SO_4^{2-} 的检验：先加入 1～2 滴 6 mol·L^{-1} HCl 溶液，再加入 2 滴 1 mol·L^{-1} $BaCl_2$ 溶液，观察有无白色沉淀生成。如有白色沉淀，说明 SO_4^{2-} 没被除尽。

Ca^{2+} 的检验：加入 2 滴饱和 $(NH_4)_2C_2O_4$ 溶液，观察有无白色沉淀生成。如有白色沉淀，说明 Ca^{2+} 没被除尽。

Mg^{2+} 的检验：加入 2～3 滴 6 mol·L^{-1} NaOH 溶液，再加入几滴镁试剂（对硝基偶氮间苯二酚），观察有无蓝色沉淀生成。如有蓝色沉淀，说明 Mg^{2+} 没被除尽。

3.1.5　思考题

①$BaCl_2$ 和 Na_2CO_3 加入的顺序能不能调换？

②杂质离子的沉淀为何要在加热近沸的条件下进行？

③能不能用 $CaCl_2$ 来代替 $BaCl_2$ 除去 SO_4^{2-}？

④提纯后的食盐溶液浓缩时为什么不能蒸干？

⑤在检验 SO_4^{2-} 时，为什么要加入盐酸溶液？

⑥两步普通过滤能否合并过滤？

3.2　铝锌合金中组分含量的测定

3.2.1　实验目的

①掌握理想气体状态方程式和分压定律的应用。

②学习分析天平及气压计的使用方法。

③掌握气体体积测定和简单实验仪器安装的方法。

3.2.2　实验原理

精确称取一定质量的铝锌合金样品与过量的盐酸反应：

$$Al + 3H^+ = Al^{3+} + \frac{3}{2}H_2\uparrow$$

$$Zn + 2H^+ = Zn^{2+} + H_2\uparrow$$

设铝锌合金中铝的质量分数为 w，则有如下关系式：

$$n(H_2) = \frac{3m \cdot w}{2M(Al)} + \frac{m \cdot (1-w)}{M(Zn)} \tag{3-2-1}$$

式中：$n(H_2)$ 为生成氢气的物质的量，m 为铝锌合金的质量，$M(Al)$ 和 $M(Zn)$ 分别为 Al 和 Zn 的摩尔质量。

根据气体分压定律，反应前，当量气管和漏斗液面相平时，有：

$$p = p_{空气} + p_{H_2O} \tag{3-2-2}$$

反应后，当量气管和漏斗液面相平时，则有：

$$p = p'_{空气} + p'_{H_2O} + p_{H_2} \tag{3-2-3}$$

上述两式中：p 为大气压，p_{H_2} 为反应生成 H_2 的分压，$p_{空气}$、$p'_{空气}$ 分别为反应前、后量气管中所密封的空气的分压，p_{H_2O}、p'_{H_2O} 分别为反应前、后量气管中所密封的饱和水蒸气的分压。

如反应前、后量气管中封闭气体的温度相等,则 $p_{H_2O}=p'_{H_2O}$。

根据理想气体状态方程,有:

$$p_{空气} \cdot V_1 = p'_{空气} \cdot V_2$$

式(3-2-3)×V_2-式(3-2-2)×V_1,得:

$$p \cdot (V_2 - V_1) = p_{H_2O} \cdot (V_2 - V_1) + p_{H_2} \cdot V_2$$

$$n(H_2) = \frac{(p - p_{H_2O}) \cdot (V_2 - V_1)}{RT} \qquad (3-2-4)$$

根据式(3-2-1)和式(3-2-4),得

$$\frac{3m \cdot w}{2M(Al)} + \frac{m \cdot (1-w)}{M(Zn)} = \frac{(p - p_{H_2O}) \cdot (V_2 - V_1)}{RT} \qquad (3-2-5)$$

由式(3-2-5)即可求出铝锌合金中铝、锌组分的含量。

实验时的温度和压力可分别由温度计和气压计测得。水的饱和蒸气压可在附录2中查得。

3.2.3 仪器和试剂

(1)仪器 温度计,气压计,分析天平,长颈漏斗,试管(反应管),滴定管夹,铁架台,玻璃棒,橡皮管,量筒(10 mL),烧杯(100 mL),量气管(50 mL)。

(2)试剂 HCl(2 mol·L^{-1}),铝锌合金片。

3.2.4 实验内容及步骤

(1)安装装置 按图3-2-1所示安装好实验装置。往量气管内装水至略低于刻度"0"位置。上下移动漏斗以赶净橡皮管和量气管内壁的气泡,塞紧连接反应管和量气管的塞子。

(2)检漏 漏斗向下移动一段距离,并固定漏斗位置。如量气管中的液面只在刚开始时3~5 min稍有下降即维持恒定,便表明装置不漏气。如量气管内水面一直下降,说明装置漏气,应检查各连接处是否严密,重复操作直至不漏气为止。

(3)称取铝锌合金样品 在分析天平上称取

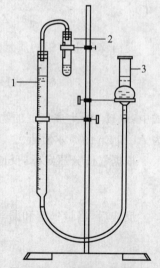

图3-2-1 锌铝合金中组分含量测定实验装置

1. 量气管 2. 反应管 3. 漏斗

0.030 0 g左右合金样品(准确称至0.000 1 g)。

(4)加酸、放置合金样品　取下试管,用量筒量取 4 mL 2 mol·L⁻¹的 HCl 溶液,将其由一长颈漏斗注入试管中,切勿使酸沾在试管壁上。将称量好的合金样品蘸少许水用玻璃棒轻推至倾斜的试管内,使之贴在试管内壁的上部,确保合金样品不与酸接触。装好试管,使量气管内液面保持在略低于刻度"0"的位置。塞紧橡皮塞,并再次检查装置是否漏气。

确保装置不漏气后,调整漏斗位置,使其液面与量气管内液面在同一水平面,记下量气管内液面的位置 V_1。

(5)氢气的发生、收集和体积量度　将试管底部略微抬高(切勿使装置漏气),使酸液接触合金样品后,合金样品即能滑入酸中。这时反应产生的氢气进入量气管中,将管内的水压到漏斗中。为避免量气管中压力过大而造成漏气,在量气管内水平面下降的同时,慢慢下移漏斗,使两者的水面基本保持相同水平。

反应结束后,待试管冷却至室温,移动漏斗,使其液面与量气管液面相平,记下量气管中液面位置 V_2,稍等 1~2 min,再记录液面位置,直到读数不变为止。将最后读数记下。

(6)数据处理　记录实验时的室温和大气压力,从附录2中查出相应温度下水的饱和蒸气压。

将实验数据填入表 3-2-1 并代入式(3-2-5)中,求得铝锌合金中铝、锌的含量,填入表 3-2-1 中。

表 3-2-1　锌铝合金中组分含量测定实验数据

铝锌合金质量	m / g	
反应前量气管液面读数	V_1/ mL	
反应后量气管液面读数	V_2/ mL	
大气压	$p_{空气}$ / Pa	
室温	T / K	
室温时水的饱和蒸气压	p_{H_2O}/ Pa	
合金中铝的质量分数	w / %	
合金中锌的质量分数	$(1-w)$/ %	

3.2.5　思考题

①在读取量气管中水面的读数时,为什么要使漏斗中的水面与量气管中的水

面相平?

②检查实验装置是否漏气的原理是什么? 如果装置漏气,对实验有何影响?

③考虑下列情况对实验结果有何影响:

　　a. 读数时,量气管的温度高于室温。

　　b. 合金样品装入时碰到酸。

　　c. 反应过程中,由量气管压入漏斗的水过多而溢出。

　　d. 量气管没有洗尽,排水后内壁沾有水珠。

　　e. 量气管内气泡未赶尽。

3.3　化学反应速率、反应速率常数及活化能的测定

3.3.1　实验目的

①通过实验了解浓度、温度及催化剂对反应速率影响的理论。

②依据 Arrhenius 方程式,学会使用作图法测定反应活化能。

③熟悉移液管的使用及恒温操作。

3.3.2　实验原理

在水溶液中,过二硫酸钾和碘化钾发生如下反应:

$$S_2O_8^{2-} + 3I^- \longrightarrow 2SO_4^{2-} + I_3^- \tag{3-3-1}$$

$$v = k \cdot c^m(S_2O_8^{2-}) \cdot c^n(I^-)$$

式中:v 为反应速度,k 为速率常数,m、n 之和为反应级数,在该反应中 $m=1, n=1$。测定该反应的平均反应速率,可以通过测定一段时间 Δt 内的反应物浓度的变化 $\Delta c(S_2O_8^{2-})$ 来获得。

在反应开始时,加入一定量的 NaS_2O_3 溶液和淀粉溶液(指示剂),这样在反应体系中还存在以下反应:

$$2S_2O_3^{2-} + I_3^- \longrightarrow S_4O_6^{2-} + 3I^- \tag{3-3-2}$$

反应(3-3-2)比反应(3-3-1)快得多。反应(3-3-1)生成的 I_3^- 与 NaS_2O_3 迅速反应而消耗掉,当 NaS_2O_3 耗尽,反应(3-3-1)生成的微量 I_3^- 就立即与淀粉作用,使溶液呈蓝色。记下反应开始至溶液出现蓝色的时间 Δt。

由式(3-3-1)和式(3-3-2)可知:

$$\Delta c(S_2O_8^{2-}) = \Delta c(S_2O_3^{2-})/2$$

又由于在 Δt 时间内 $S_2O_3^{2-}$ 全部反应完,所以:

$$v = -\Delta c(S_2O_8^{2-})/\Delta t = -\Delta c(S_2O_3^{2-})/2\Delta t$$
$$= c(S_2O_3^{2-})/2\Delta t = k\,c(S_2O_8^{2-})\,c(I^-)$$

时间 Δt 可由秒表读得,$c(I^-)$、$c(S_2O_8^{2-})$ 和 $c(S_2O_3^{2-})$ 可由初始浓度计算得到,由此可求出反应速率常数 k。

根据 Arrhenius 公式:

$$\lg k = A - E_a/(2.303RT)$$

以 $\lg k$ 对 $1/T$ 作图,得一直线,直线斜率 $S = -E_a/(2.303R)$,由此可求得反应的活化能 E_a。

3.3.3 仪器和试剂

(1)仪器 秒表,温度计($0 \sim 100℃$),烧杯,量筒,试管,玻璃棒,酒精灯,三脚架,石棉网。

(2)试剂 $(NH_4)_2S_2O_8$(0.20 mol·L^{-1}),KI(0.20 mol·L^{-1}),淀粉溶液(0.2%),KNO_3(0.20 mol·L^{-1}),$Na_2S_2O_3$(0.010 mol·L^{-1}),$(NH_4)_2SO_4$(0.20 mol·L^{-1}),$Cu(NO_3)_2$(0.020 mol·L^{-1})。

3.3.4 实验内容及步骤

(1)浓度对化学反应速率的影响 分别用量筒量取 20 mL 0.20 mol·L^{-1} KI、8 mL 0.010 mol·L^{-1} $Na_2S_2O_3$ 和 2 mL 淀粉溶液于烧杯中,用玻璃棒搅拌均匀。再量取 20 mL 0.20 mol·L^{-1} $(NH_4)_2S_2O_8$ 溶液,迅速加到盛有混合溶液的烧杯中,立刻用玻璃棒将溶液搅拌均匀,同时按动秒表计时。观察溶液,刚一出现蓝色立即停止计时,记录反应时间。调整 KI 和 $(NH_4)_2S_2O_8$ 的用量,得到不同反应物浓度的反应速率。实验数据填入表 3-3-1 中。

(2)温度对化学反应速率的影响 分别将 20 mL 0.20 mol·L^{-1} KI,8 mL 0.010 mol·L^{-1} $Na_2S_2O_3$、10 mL 0.20 mol·L^{-1} KNO_3 和 2 mL 淀粉溶液加入烧杯中,搅拌均匀。在大试管中加入 20 mL 0.20 mol·L^{-1} $(NH_4)_2S_2O_8$ 溶液。将烧杯和试管同时放入热水浴中,在高于室温 10℃ 时,把试管中的 $(NH_4)_2S_2O_8$ 迅速倒入烧杯中,搅拌,同时按动秒表计时。当溶液刚出现蓝色时停止计时。记录反应时间和温度。记作实验编号 6,填入表 3-3-2 中。同样方法在高于室温 20℃ 重复上述实验,记录反应时间和温度。记作实验编号 7,填入表 3 - 3 - 2 中。

表 3 - 3 - 1　浓度对化学反应速率的影响

	实验编号	1	2	3	4	5
试剂用量 V/mL	0.20 mol · L^{-1} (NH$_4$)$_2$S$_2$O$_8$	20.0	10.0	5.0	20.0	20.0
	0.20 mol · L^{-1} KI	20.0	20.0	20.0	10.0	5.0
	0.010 mol · L^{-1} Na$_2$S$_2$O$_3$	8.0	8.0	8.0	8.0	8.0
	0.2% 淀粉溶液	2.0	2.0	2.0	2.0	2.0
	0.20 mol · L^{-1} KNO$_3$	0.0	0.0	0.0	10.0	15.0
	0.20 mol · L^{-1} (NH$_4$)SO$_4$	0.0	10.0	15.0	0.0	0.0
起始浓度 c / (mol · L^{-1})	(NH$_4$)$_2$S$_2$O$_8$					
	KI					
	Na$_2$S$_2$O$_3$					
反应时间 Δt/s						
S$_2$O$_8^{2-}$ 的浓度变化　Δc (S$_2$O$_8^{2-}$)/(mol · L^{-1})						
反应速率 v						

表 3 - 3 - 2　温度对化学反应速率的影响

实验编号	4	6	7
反应温度/℃			
反应时间 Δt/s			
反应速率 v			
反应速率常数 k			
ln$k$			
1/T(K^{-1})			

　　(3)催化剂对化学反应速率的影响　分别将 20 mL 0.20 mol · L^{-1} KI、8 mL 0.010 mol · L^{-1} Na$_2$S$_2$O$_3$、10 mL 0.20 mol · L^{-1} KNO$_3$ 和 2 mL 淀粉溶液加入烧杯中,搅拌均匀,再加入 2 滴 0.020 mol · L^{-1} Cu(NO$_3$)$_2$ 溶液,搅拌均匀,迅速加入(NH$_4$)$_2$S$_2$O$_8$ 溶液,搅拌,记录反应时间。将此反应速率与表 3 - 3 - 1 中的实验 4 的反应速率进行比较,得出定性结论。

3.3.5　结果处理

活化能的计算:根据 Arrhenius 方程式,由实验 4、6、7,测定不同温度时的 k 值,以 ln$k$ 对 $1/T$ 作图,由直线斜率可求出活化能 E_a。

3.3.6　思考题

①为什么要加入 KNO_3 或 $(NH_4)_2SO_4$ 溶液?
②为什么反应物的加入要遵循一定的次序?
③若此反应不用 $S_2O_8^{2-}$ 的浓度变化来计算,而是用 I^- 或 I_3^- 的浓度变化,速率常数有无不同?

3.4　醋酸电离常数的测定、缓冲溶液的配制及性质

3.4.1　实验目的

①熟悉并巩固滴定的基本操作及容量瓶和移液管的使用。
②学习测定醋酸离解度和离解常数的基本原理和方法,加深对弱电解质电离平衡的理解。
③学习使用 pH 计。
④掌握缓冲溶液的配制方法,了解缓冲溶液的性质。

3.4.2　实验原理

醋酸(HAc)是弱电解质,在水溶液中存在着下列电离平衡:

$$HAc \Longrightarrow H^+ + Ac^-$$

起始浓度(mol·L^{-1})　　　　c　　　　0　　0
平衡浓度(mol·L^{-1})　　　$c-c\alpha$　　$c\alpha$　　$c\alpha$

其中 c 为 HAc 的起始浓度,α 为 HAc 溶液的浓度为 c 时的电离度,则 HAc 的电离常数 $K_a^{\ominus}$ 为

$$K_a^{\ominus} = \frac{[c(H^+)/c^{\ominus}] \cdot [c(Ac^-) \cdot c^{\ominus}]}{c(HAc)/c^{\ominus}}$$

$$= \frac{[c(H^+)/c^{\ominus}]^2}{c/c^{\ominus} - c(H^+)/c^{\ominus}}$$

$c(H^+)$、$c(Ac^-)$、$c(HAc)$均为平衡浓度。一般情况下,当 $K_a^\ominus/(c/c^\ominus) \geqslant 500$,则弱酸的电离度 $\alpha < 5\%$,此时采用近似计算,结果的相对误差小于 2%,$c - c(H^+) \approx c$,则:

$$K_a^\ominus = [c(H^+)/c^\ominus]^2/(c/c^\ominus)$$

根据电离度定义得:

$$\alpha = c(H^+)/c \times 100\%$$

可以利用滴定法先测得弱酸的浓度,在一定温度下,用 pH 计测定一系列已知浓度的醋酸的 pH,则 $c(H^+) = 10^{-pH}$,代入公式即可得到一系列的 $K_a^\ominus$ 值和 α,取平均值,即为该温度下醋酸的电离常数和电离度。

弱酸及其共轭碱或弱碱及其共轭酸组成的溶液能够抵抗外加的少量的强酸、强碱或稀释而基本保持溶液 pH 不变的作用,这种作用称为缓冲作用,具有缓冲作用的溶液称为缓冲溶液。

弱酸及其共轭碱组成的缓冲溶液的 pH 可由下式求出:

$$pH = pK_a^\ominus - \lg \frac{c_a/c^\ominus}{c_b/c^\ominus}$$

式中:$K_a^\ominus$ 为弱酸的解离平衡常数,c_a、c_b 分别为弱酸及其共轭碱在缓冲溶液中的平衡浓度。

弱碱及其共轭酸组成的缓冲溶液的 pH 可由下式求出:

$$pOH = pK_b^\ominus - \lg \frac{c_b/c^\ominus}{c_a/c^\ominus}$$

式中:$K_b^\ominus$ 为弱碱的解离平衡常数,c_b、c_a 分别为弱碱及其共轭酸在缓冲溶液中的平衡浓度。

3.4.3　仪器和试剂

(1)仪器　pH 计,锥形瓶(250 mL),容量瓶(50 mL),烧杯(100 mL),碱式滴定管(50 mL),酸式滴定管(50 mL)。

(2)试剂　$HAc(0.1 \text{ mol} \cdot L^{-1})$,$NaAc(0.1 \text{ mol} \cdot L^{-1})$,$NH_3 \cdot H_2O(0.1 \text{ mol} \cdot L^{-1})$,$NH_4Cl(0.1 \text{ mol} \cdot L^{-1})$,NaOH 标准溶液$(0.100 \text{ mol} \cdot L^{-1})$,HCl 标准溶液$(0.100 \text{ mol} \cdot L^{-1})$,酚酞溶液。

3.4.4　实验内容及步骤

(1)醋酸溶液浓度的标定　用移液管精确量取 25.00 mL $HAc(0.2 \text{ mol} \cdot L^{-1})$

溶液,分别注入两只 250 mL 锥形瓶中,各加入 2 滴酚酞指示剂。分别用标准
NaOH 溶液滴定至溶液呈浅红色,经摇荡后 0.5 min 不消失,分别记下滴定前和滴
定终点时滴定管中 NaOH 液面的读数,算出所用 NaOH 溶液的体积,从而求出醋
酸的精确浓度。

　　(2)不同浓度的醋酸溶液的配制　　从酸式滴定管分别放出 6.00、12.00、
24.00、48.00 mL 已标定的醋酸溶液于 100 mL 烧杯中,然后用蒸馏水稀释至
48.00 mL,计算出这 4 份醋酸溶液的浓度,将计算结果记入表 3-4-1 中。

　　(3)pH 的测定　　把以上溶液分别倒入干燥洁净的小烧杯中,按由稀到浓的顺
序用 pH 计分别测定上述各种浓度醋酸溶液的 pH,记录各份溶液的 pH 及实验室
的温度,计算各溶液中醋酸的电离度及其电离常数,把计算结果记入表3-4-1中。

表 3-4-1　HAc 溶液的电离常数和电离度的测定　　室温_____℃

编号	0.1 mol·L^{-1} HAc 取用量/mL	稀释后体积/mL	初始 $c(H^+)$/ (mol·L^{-1})	pH 实测值	平衡 $c(H^+)$/ (mol·L^{-1})	α	$K_a^\ominus$	
							测定值	平均值
1	6.00	48.00						
2	12.00	48.00						
3	24.00	48.00						
4	48.00	48.00						

　　(4)缓冲溶液的配制及性质

　　①缓冲溶液的配制:选用 0.1 mol·L^{-1} HAc、0.1 mol·L^{-1} NaAc、0.1 mol·
L^{-1} NH$_3$·H$_2$O、0.1 mol·L^{-1} NH$_4$Cl 溶液,分别配制 pH=4.00,pH=9.00 的缓
冲溶液各 80 mL,并用酸度计测定各缓冲溶液的 pH,比较实测值和理论值是否相
符。缓冲溶液保留待用。将数据记入表 3-4-2 中。

表 3-4-2　缓冲溶液的配制

缓冲溶液	pH	缓冲组分	各组分体积 V/mL	pH(实测值)
1	4.00			
2	9.00			

②缓冲溶液的性质:取 3 个 100 mL 烧杯,各加入上述配制好的 pH=4.00 左右的缓冲溶液 25 mL,再分别滴加 10 滴 0.1 mol·L⁻¹HCl 溶液、10 滴 0.1 mol·L⁻¹NaOH 溶液和 25 mL 蒸馏水。混匀后,用酸度计测定各溶液的 pH,将实验结果记入表 3-4-3。

将 pH=7.00 左右的缓冲溶液重复上述操作。

取 68 mL 0.1 mol·L⁻¹HAc 溶液和 12 mL 蒸馏水,混匀后用酸度计测定其 pH。各取该溶液 25 mL,分别加入 10 滴 0.1 mol·L⁻¹HCl 溶液,10 滴 0.1 mol·L⁻¹NaOH 溶液,混匀后,用酸度计测定各溶液的 pH。将实验结果记入表 3-4-3。

取 12 mL 0.1 mol·L⁻¹NaAc 和 68 mL 蒸馏水混合,重复上述操作。

表 3-4-3   缓冲溶液的性质

溶液	pH₁	加入试剂	pH₂	ΔpH
pH=4 的缓冲溶液		10 滴 HCl		
		10 滴 NaOH		
		25 mL 蒸馏水		
pH=9 的缓冲溶液		10 滴 HCl		
		10 滴 NaOH		
		25 mL 蒸馏水		
68 mL 0.1 mol·L⁻¹ HAc 溶液和 12 mL 蒸馏水		10 滴 HCl		
		10 滴 NaOH		
12 mL 0.1 mol·L⁻¹ NaAc 溶液和 68 mL 蒸馏水		10 滴 HCl		
		10 滴 NaOH		

3.4.5 思考题

①为什么不同浓度的 HAc 溶液的电离度和电离常数不同?

②电离度与 pH 的关系如何?

③若所用 HAc 溶液的浓度极低,是否还能用 $K_a^{\ominus} \approx [c(H^+)/c^{\ominus}]^2/(c/c^{\ominus})$ 求电离常数?

④为什么缓冲溶液具有缓冲能力?

3.5 沉淀溶解平衡

3.5.1 实验目的

①通过实验加深对溶度积规则及沉淀溶解平衡的理解和掌握。
②掌握沉淀生成、溶解、分步沉淀和沉淀转化的条件及相关实验操作。
③了解离心机的基本构造,掌握离心机的使用和离心分离操作。

3.5.2 实验原理

(1)沉淀溶解平衡与溶度积常数 一定温度下,难溶强电解质 A_mB_n 的水溶液中,当溶解速度与沉淀速度相等时,即达到沉淀溶解的多相平衡状态,溶液为该物质的饱和溶液。溶液中存在下列平衡:

$$A_mB_n(s) \rightleftharpoons mA^{n+}(aq) + nB^{m-}(aq)$$

该反应的平衡常数为:

$$K_{sp}^{\ominus}(A_mB_n) = \{c(A^{n+})/c^{\ominus}\}^m\{c(B^{m-})/c^{\ominus}\}^n$$

$K_{sp}^{\ominus}$ 称为溶度积常数,简称溶度积。溶度积常数只与难溶电解质的性质和温度有关,其数值体现了难溶强电解质在水中离解(溶解)的趋势,在一定程度上能够反映电解质的溶解能力。如:对于同一组成类型的难溶强电解质,其溶度积的数值越小,其溶解度越小;但对于不同类型的难溶强电解质,不能通过简单比较溶度积的大小来判断溶解度的大小。

(2)离子积与溶度积规则 任一状态下,沉淀溶解反应

$$A_mB_n(s) \rightleftharpoons mA^{n+}(aq) + nB^{m-}(aq)$$

中相关离子浓度幂次的乘积被称为反应的离子积,以 Q 表示:

$$Q = \{c(A^{n+})/c^{\ominus}\}^m \cdot \{c(B^{m-})/c^{\ominus}\}^n$$

利用 Q 与 $K_{sp}^{\ominus}$ 的关系来判断沉淀溶解平衡的反应方向,进而判断沉淀的生成与溶解,这一规则被称为溶度积规则。

当 $Q > K_{sp}^{\ominus}$ 时,平衡向生成沉淀的方向移动,沉淀生成;
当 $Q < K_{sp}^{\ominus}$ 时,平衡向沉淀溶解的方向移动,沉淀溶解;
当 $Q = K_{sp}^{\ominus}$ 时,反应为平衡状态。

(3)同离子效应　在难溶强电解质溶液中,若加入与该电解质具有共同离子的其他试剂或溶液,沉淀溶解平衡向生成沉淀的方向移动,使沉淀的溶解度降低,该效应称为同离子效应。运用同离子效应,可向溶液中加入适当过量的沉淀剂,使被沉淀的离子沉淀更加完全,从而达到除去或分离某种离子的目的。

(4)分步沉淀　向含有两种以上的离子的溶液中加入一种共沉淀剂,所需沉淀剂浓度最小的离子最先形成沉淀析出,其他离子依离子积达到溶度积的顺序先后析出,这种现象被称为分步沉淀。利用该原理,通过控制沉淀剂的用量或反应的介质条件,可以对混合金属离子体系进行分离或鉴定分析。

(5)沉淀转化　由一种难溶化合物借助某种试剂转化为另一种难溶化合物的过程称为沉淀的转化,通常情况是难溶物转化为溶解度更小的难溶物。对于同一类型的难溶强电解质,当两种难溶物的溶度积相差较大时($\sim 10^6$),溶度积大的难溶物转化为溶度积小的难溶物,如 AgCl 沉淀可以很容易地转化为 AgI 沉淀;而当溶度积差别不大或沉淀类型不同时,应视具体情况分析。

(6)沉淀溶解的条件　根据溶度积规则,如果能通过反应降低与沉淀溶解平衡相关离子的浓度,那么沉淀溶解平衡将向沉淀溶解的方向移动,导致沉淀溶解。根据沉淀类型不同,可以通过下列几种方法溶解难溶强电解质沉淀:

加入强酸,多数金属氢氧化物、碳酸盐、某些金属硫化物可溶于盐酸,甚至醋酸。

加入金属离子配位剂,与金属离子形成配合物,从而使沉淀溶解。如:向 AgCl 沉淀中加浓氨水,可形成银氨配离子,从而使沉淀溶解。

加入强氧化剂,将难溶沉淀氧化。这种方法见于对金属硫化物沉淀的溶解,例如使用硝酸或热的浓硫酸可以溶解 CuS 沉淀。

同时加入氧化剂和配位剂。常见于对极难溶性沉淀的溶解。如:HgS 沉淀可用浓硝酸和浓盐酸的混合物溶解,硝酸起到氧化作用,而 Cl^- 在反应中为 Hg^{2+} 的配体。

总之,无论是沉淀的生成与溶解,还是沉淀的转化与分步沉淀,都涉及溶度积规则、平衡移动以及溶液中的多重平衡等重要原理。

3.5.3　仪器和试剂

(1)仪器　离心机,量筒,小烧杯,试管,离心管,试管夹,试管架,水浴加热器。

(2)试剂　HNO_3($6\ mol \cdot L^{-1}$),HCl($2\ mol \cdot L^{-1}$),HAc($2\ mol \cdot L^{-1}$),$NH_3 \cdot H_2O$($6\ mol \cdot L^{-1}$),Na_2S($0.1\ mol \cdot L^{-1}$),$CaCl_2$($0.1\ mol \cdot L^{-1}$),$MgSO_4$($0.1\ mol \cdot L^{-1}$),NH_4Cl($1\ mol \cdot L^{-1}$),$MnSO_4$($0.1\ mol \cdot L^{-1}$),$ZnSO_4$

$(0.1 \text{ mol} \cdot L^{-1})$，$CuSO_4(0.1 \text{ mol} \cdot L^{-1})$，$AgNO_3(0.1 \text{ mol} \cdot L^{-1})$，饱和 PbI_2 溶液，饱和 $(NH_4)_2C_2O_4$ 溶液，$Pb(NO_3)_2(0.1 \text{ mol} \cdot L^{-1}, 0.001 \text{ mol} \cdot L^{-1})$，$KI$ $(0.1 \text{ mol} \cdot L^{-1}, 0.01 \text{ mol} \cdot L^{-1}, 0.001 \text{ mol} \cdot L^{-1})$，$NaCl(1.0 \text{ mol} \cdot L^{-1}, 0.1 \text{ mol} \cdot L^{-1}$，$0.01 \text{ mol} \cdot L^{-1})$，$K_2CrO_4(0.5 \text{ mol} \cdot L^{-1}, 0.1 \text{ mol} \cdot L^{-1})$。

3.5.4　实验内容及步骤

(1)沉淀溶解平衡　在离心管中加入 10 滴 $0.1 \text{ mol} \cdot L^{-1}$ 的 $Pb(NO_3)_2$ 溶液，然后滴加 5 滴 $1.0 \text{ mol} \cdot L^{-1}$ 的 $NaCl$ 溶液，振荡使沉淀完全，离心分离，往上清液中滴加 $0.5 \text{ mol} \cdot L^{-1}$ 的 K_2CrO_4 溶液，观察现象并说明原因。

(2)溶度积规则　在试管中加入 5 滴 $0.1 \text{ mol} \cdot L^{-1}$ 的 $Pb(NO_3)_2$ 溶液，然后滴加 5 滴 $0.1 \text{ mol} \cdot L^{-1}$ 的 KI 溶液，观察有无沉淀生成。试以溶度积规则解释。

在试管中加入 5 滴 $0.001 \text{ mol} \cdot L^{-1}$ 的 $Pb(NO_3)_2$ 溶液，然后滴加 5 滴 0.001 $\text{mol} \cdot L^{-1}$ 的 KI 溶液，观察有无沉淀生成。试以溶度积规则解释。

(3)同离子效应　在试管中加入 0.5 mL 饱和 PbI_2 溶液，然后滴加 5 滴 $0.1 \text{ mol} \cdot L^{-1}$ 的 KI 溶液，振荡，观察是否有沉淀生成，为什么?

(4)沉淀的生成与溶解

①沉淀的生成:取两支试管分别加入 5 滴 $0.1 \text{ mol} \cdot L^{-1}$ 的 Na_2S 和 5 滴 $0.1 \text{ mol} \cdot L^{-1}$ 的 K_2CrO_4 溶液，然后边振荡边滴加 $0.1 \text{ mol} \cdot L^{-1} AgNO_3$ 溶液，观察到什么现象?

在 3 支试管中各加 5 滴 $0.1 \text{ mol} \cdot L^{-1}$ 的 $Pb(NO_3)_2$ 溶液，之后向第一支试管中加 5 滴 $0.1 \text{ mol} \cdot L^{-1}$ 的 $NaCl$ 溶液，第二支加 5 滴 $0.01 \text{ mol} \cdot L^{-1}$ 的 $NaCl$ 溶液，第三支加 5 滴 $0.01 \text{ mol} \cdot L^{-1}$ 的 KI，观察每支试管生成沉淀的情况并解释现象。

②沉淀的溶解:在试管中加入约 0.5 mL 饱和 $(NH_4)_2C_2O_4$ 溶液和 0.5 mL $0.1 \text{ mol} \cdot L^{-1}$ 的 $CaCl_2$ 溶液，观察是否有沉淀生成，然后逐滴加入 $2 \text{ mol} \cdot L^{-1} HCl$ 并振荡，沉淀是否溶解? 重新制备该沉淀，加入 $2 \text{ mol} \cdot L^{-1}$ 的 HAc，观察沉淀是否溶解。

在离心管中加入 0.5 mL $0.1 \text{ mol} \cdot L^{-1}$ 的 $MgSO_4$ 溶液，加 $6 \text{ mol} \cdot L^{-1}$ 氨水数滴，有何现象? 将沉淀分离洗涤后，向沉淀中滴加 $1 \text{ mol} \cdot L^{-1}$ 的 NH_4Cl，观察沉淀是否溶解。

取 $0.1 \text{ mol} \cdot L^{-1} AgNO_3$ 溶液 5 滴，加 $0.1 \text{ mol} \cdot L^{-1} NaCl$ 溶液 5 滴，离心分离，再向沉淀中加入 $6 \text{ mol} \cdot L^{-1}$ 氨水，观察现象并解释。

取 $0.1 \text{ mol} \cdot L^{-1}$ 的 $CuSO_4$ 溶液 5 滴，逐滴加入 $6 \text{ mol} \cdot L^{-1}$ 的 $NH_3 \cdot H_2O$，观察现象并解释。

在 3 支离心试管中分别加入 5 滴 $0.1 \; mol \cdot L^{-1}$ 的 $MnSO_4$、$ZnSO_4$、$AgNO_3$ 溶液,再各加 5 滴 $0.1 \; mol \cdot L^{-1}$ 的 Na_2S 溶液,观察沉淀的颜色,并将沉淀进行离心分离,弃去上清液做下述实验:

向沉淀中加入 1 mL $2 \; mol \cdot L^{-1}$ 的 HAc,观察沉淀是否溶解;

将未溶解的沉淀离心分离洗涤后,加入 1 mL $2 \; mol \cdot L^{-1}$ 的 HCl,观察沉淀是否溶解;

将仍未溶解的沉淀分离洗涤后,加入 1 mL $6 \; mol \cdot L^{-1}$ 的 HNO_3,水浴加热,观察沉淀是否溶解。

对上述金属硫化物溶解性的差异进行解释。

(5)沉淀的转化　在离心管中加入 10 滴 $0.1 \; mol \cdot L^{-1}$ 的 $AgNO_3$,然后加 10 滴 $0.1 \; mol \cdot L^{-1}$ 的 K_2CrO_4 溶液,生成沉淀后,离心分离弃去上清液,洗涤沉淀后,滴加 $0.1 \; mol \cdot L^{-1}$ 的 NaCl 溶液,充分振荡,观察沉淀颜色的变化;将沉淀离心分离洗涤后,滴加 10 滴 $0.1 \; mol \cdot L^{-1}$ 的 KI 溶液,充分振荡,观察沉淀颜色的变化;将沉淀离心分离洗涤后,滴加 10 滴 $0.1 \; mol \cdot L^{-1}$ 的 Na_2S 溶液,充分振荡,观察沉淀颜色的变化,并从化学平衡角度对上述现象加以解释。

(6)分步沉淀　在离心管中加入 $0.1 \; mol \cdot L^{-1}$ 的 NaCl 和 $0.1 \; mol \cdot L^{-1}$ 的 K_2CrO_4 溶液各 3 滴,摇匀后逐滴加入 $0.1 \; mol \cdot L^{-1}$ 的 $AgNO_3$ 溶液,观察有何现象。当刚出现砖红色沉淀时,离心分离,上清液继续滴加 $0.1 \; mol \cdot L^{-1}$ 的 $AgNO_3$ 溶液,观察沉淀的颜色。用溶度积规则加以解释。

3.5.5　思考题

①浓度分别为 $1 \; mol \cdot L^{-1}$ 和 $0.1 \; mol \cdot L^{-1}$ 的 Fe^{3+} 溶液,若生成 $Fe(OH)_3$ 沉淀,刚生成沉淀时两溶液的 pH 是否相同? 完全沉淀时,两溶液的 pH 是否相同?

②是否可以简单地用溶度积的大小来判断沉淀生成的先后顺序?

③一溶液中含有 Mn^{2+} 和 Cu^{2+},试设计实验方案对上述两种离子进行分离。

④根据沉淀转化的原理,试设计实验方案由 $BaSO_4$ 制备 $BaCl_2$。

3.6　氧化还原反应

3.6.1　实验目的

①通过实验加深对电极电势物理意义的认识,并能够根据电极电势数据判断物质氧化性或还原性的强弱。

②通过实验加深对能斯特方程物理意义的认识,并了解浓度、温度、酸度对氧化还原反应的影响。

③通过实验了解沉淀反应、配位反应对电极电势和氧化还原反应方向的影响,并加深对氧化还原反应可逆性的认识。

④了解原电池的结构,并通过原电池实验了解影响电极电势、原电池电动势和氧化还原反应方向的因素。

3.6.2　实验原理

(1)氧化还原反应与电极电势　氧化还原反应的实质是物质间电子的定向转移,体现为相应物质氧化数的变化。氧化剂在反应中得到电子,氧化数降低,被还原;还原剂在反应中失去电子,氧化数升高,被氧化。氧化反应与还原反应同时进行,并遵循电子守恒原理。

常见的氧化剂:O_2,F_2,Cl_2,Br_2,I_2,$KMnO_4$,$K_2Cr_2O_7$,HNO_3,H_2SO_4,$Ce(SO_4)_2$;

常见的还原剂:Na,Mg,Al,Zn,Fe,H_2,KI,$SnCl_2$,H_2S,$H_2C_2O_4$。

电极电势体现了电对中氧化剂与还原剂的相对强弱,并且可以判断氧化还原反应的方向。介质的浓度、酸度、温度以及溶液中的沉淀反应、配位反应都会影响电极电势,进而影响氧化还原反应的方向。

(2)影响电极电势的一些因素　浓度与电极电势间的关系可以用能斯特方程表示:

$$a\mathrm{Ox} + ne = a'\mathrm{Red}$$

$$\varphi = \varphi^{\ominus} + \frac{2.303RT}{nF}\lg\frac{[c(\mathrm{Ox})/c^{\ominus}]^a}{[c(\mathrm{Red})/c^{\ominus}]^{a'}}$$

在 298.15 K 时,该方程可简写为:

$$\varphi = \varphi^{\ominus} + \frac{0.0592\ \mathrm{V}}{n}\lg\frac{[c(\mathrm{Ox})/c^{\ominus}]^a}{[c(\mathrm{Red})/c^{\ominus}]^{a'}}$$

其中 $\varphi^{\ominus}$ 为电对的标准电极电势。由能斯特方程可知,电对的电极电势与标准电极电势、温度和电对的浓度有关,多数情况下,电极反应多在常温下(298.15 K)进行,那么氧化型和还原型型体的浓度变化会引起电极电势的变化。而型体浓度变化的情况有以下几种:

向体系中直接加入氧化型或还原型的型体而引起浓度变化,但该情况下引起的电极电势的变化较小。

改变介质的酸度。在能斯特方程中,氧化型与还原型型体的浓度不仅包括氧化数发生变化的物质,还包括参与反应的其他物质的浓度,而多数电极反应有 H^+ 或 OH^- 参与反应,另外,某些电对中的相关型体本身就是弱酸或弱碱,当介质的酸度发生变化时,电对的电极电势也会发生较大的变化,如 O_2/H_2O、MnO_4^-/Mn^{2+}、H_3AsO_4/H_3AsO_3 等。

向体系中加入某一型体的配位剂或沉淀剂。该情况下,会引起相关型体浓度的剧烈变化,从而导致电极电势发生较大变化,甚至在氧化还原反应中改变反应的方向。如 Cu^{2+}/Cu^+、Ag^+/Ag 等。

①氧化还原反应的方向:对于任一氧化还原反应,其方程式可表示为:

$$aOx_1 + bRed_2 = a'Red_1 + b'Ox_2$$

$$\varepsilon = \varepsilon^{\ominus} + \frac{2.303RT}{nF} \lg \frac{[c(Ox_1)/c^{\ominus}]^a}{[c(Red_1)/c^{\ominus}]^{a'}} \frac{[c(Red_2)/c^{\ominus}]^b}{[c(Ox_2)/c^{\ominus}]^{b'}}$$

将该反应组成原电池,其电动势用 ε 表示,$\varepsilon = \varphi(+) - \varphi(-)$。

$\varepsilon > 0$,反应正向自发;

$\varepsilon = 0$,反应处于平衡状态;

$\varepsilon < 0$,反应逆向自发。

②影响氧化还原反应速率的一些因素:虽然可以通过比较电极电势或根据电动势的数值能够判断氧化还原反应进行的趋势,但在实际的反应中,情况要复杂得多。氧化还原反应的产物会因反应条件的变化而发生变化,而浓度、催化剂、温度等因素会直接影响反应的速率。

③原电池:原电池是直接将化学能转变为电能的装置。理论上任意氧化还原反应都可以设计成原电池。原电池的电动势(ε)为正负极间的电极电势之差。原电池的最大非体积功在数值上等于相应氧化还原反应的吉布斯自由能变:

$$\Delta_r G_m = W'_{max} = -nF\varepsilon$$

利用原电池装置,可以研究浓度、酸度、沉淀反应、配位反应等因素对氧化还原反应的影响。利用原电池的原理,还可以设计各种用途的电池。

3.6.3　仪器和试剂

(1)仪器　试管,加热水浴,铜片,锌粒,锌片,导线,检流计,表面皿,红色石蕊试纸。

(2)试剂　$NaBiO_3$,$(NH_4)_2S_2O_8$,$CHCl_3$,$HAc(6\ mol\cdot L^{-1},1\ mol\cdot L^{-1})$,浓 $HNO_3(2.0\ mol\cdot L^{-1})$,$3\%\ H_2O_2$,$H_2SO_4(6.0\ mol\cdot L^{-1},3\ mol\cdot L^{-1},1\ mol\cdot$

L^{-1}),$AgNO_3$(0.1 mol · L^{-1}),$CuSO_4$(0.5 mol · L^{-1}),$FeSO_4$(0.5 mol · L^{-1}),
$Fe_2(SO_4)_3$(0.05 mol · L^{-1}),KIO_3(0.1 mol · L^{-1}),KBr(1 mol · L^{-1}),$KMnO_4$
(0.01 mol · L^{-1}),KI(0.5 mol · L^{-1},0.1 mol · L^{-1}),$K_2Cr_2O_7$(0.1 mol · L^{-1}),
$MnSO_4$(0.1 mol · L^{-1}),Na_2S(0.1 mol · L^{-1}),$NaBr$(1.0 mol · L^{-1}),NaI(1.0 mol ·
L^{-1},0.1 mol · L^{-1}),$NaOH$(6.0 mol · L^{-1}),Na_2SO_3(0.1 mol · L^{-1}),$Na_2C_2O_4$
(0.1 mol · L^{-1}),NH_4F(2.0 mol · L^{-1}),$ZnSO_4$(0.5 mol · L^{-1})。

3.6.4　实验内容及步骤

(1)常见的氧化还原反应　取两支试管,各加入 5 滴 0.01 mol · L^{-1} $KMnO_4$
和 3 滴 3 mol · L^{-1} H_2SO_4,向第一支试管中加 1~2 滴 3% H_2O_2,第二支试管加
2~3 滴 0.5 mol · L^{-1} $FeSO_4$,观察实验现象,写出化学反应式。

取一支试管,加入 0.5 mL 0.1 mol · L^{-1} KI 和 2~3 滴 1 mol · L^{-1} H_2SO_4 溶
液,再加 1~2 滴 3% 的 H_2O_2,观察试管中溶液颜色的变化,写出化学反应式。

取一支试管,加 3 滴 0.1 mol · L^{-1} $K_2Cr_2O_7$,5 滴 6 mol · L^{-1} H_2SO_4,再加
3~5 滴 0.1 mol · L^{-1} Na_2S 溶液,观察现象,写出化学反应式。

(2)电对的电极电势　取两支试管,分别加 10 滴 1 mol · L^{-1} $NaBr$ 和 NaI 溶
液,各加 10 滴 3 mol · L^{-1} H_2SO_4,1 mL $CHCl_3$,然后分别加入 2~3 滴
0.01 mol · L^{-1} $KMnO_4$,振荡,观察 $CHCl_3$ 层颜色的变化;以 0.05 mol · L^{-1} 的
$Fe_2(SO_4)_3$ 代替 $KMnO_4$,重复上述操作,观察实验现象有何不同。

写出化学反应式,比较 Br_2/Br^-,I_2/I^-,Fe^{3+}/Fe^{2+},MnO_4^-/Mn^{2+} 电极电势的
大小。

(3)浓度、酸度、配位反应和沉淀反应对氧化还原反应的影响

①浓度对氧化还原反应的影响:向两支装有少量锌粒的试管中,分别加入
2 mL 浓 HNO_3 和 2 mL 2 mol · L^{-1} HNO_3,观察实验现象,用气室法检测稀
HNO_3 还原产物中是否含有 NH_4^+,方法如下:

将 5 滴被检液置于表面皿中心,再加 3 滴 6 mol · L^{-1} $NaOH$,混匀,在另一块
较小的表面皿中心黏附一小块红色石蕊试纸,覆于大表面皿上做成气室,放置
10 min,若试纸变蓝,证明有 NH_4^+ 存在。写出上述反应的化学反应式。

②酸度对氧化还原反应的影响:向 3 支试管中各注入 0.5 mL 0.1 mol · L^{-1}
Na_2SO_3 溶液,第一支试管中加 0.5 mL 1.0 mol · L^{-1} H_2SO_4 溶液,第二支试管加
0.5 mL 水,第三支试管加 0.5 mL 6 mol · L^{-1} $NaOH$ 溶液,然后向 3 只试管中各
加入 5 滴 0.01 mol · L^{-1} $KMnO_4$ 溶液,观察产物有何不同,写出化学反应式。

　　向试管中滴加 5 滴 0.1 mol・L^{-1}的 $MnSO_4$，加入少许 $NaBiO_3$ 固体，水浴加热 5 min，观察有何现象；向试管中滴加 10 滴 3 mol・L^{-1} 的 H_2SO_4，水浴加热 5 min，观察实验现象，并写出化学反应式。

　　在试管中加入 0.5 mL 0.1 mol・L^{-1} KI 溶液和 2 滴 0.1 mol・L^{-1} KIO_3 溶液，再加几滴淀粉溶液，摇匀后观察溶液颜色有无变化，然后再加 2 滴 3 mol・L^{-1} H_2SO_4 溶液酸化混合物，观察有什么变化，最后滴加 5 滴 6 mol・L^{-1} 的 NaOH 使混合液碱化，有何变化，写出有关化学反应式。

　　③配位反应对氧化还原反应方向的影响：在试管中加入 0.5 mL 0.05 mol・L^{-1} $Fe_2(SO_4)_3$ 溶液，0.5 mL 0.1 mol・L^{-1} KI，0.5 mL $CHCl_3$，振荡静置后观察有机层颜色变化，再向试管中加入 1 mL 2.0 mol・L^{-1} 的 NH_4F，剧烈振荡，观察有机层有何变化，试解释之并写出化学反应式。

　　④沉淀反应对氧化还原反应的影响：向试管中加入 0.5 mL 0.1 mol・L^{-1}NaI 溶液，再滴加 5 滴 0.1 mol・L^{-1} 的 $CuSO_4$，振荡，观察现象，并写出化学反应式，通过能斯特方程解释上述现象。

　　(4)原电池实验　取两个 50 mL 烧杯，一烧杯中加入 20 mL 0.5 mol・L^{-1} $ZnSO_4$，插入连有导线的锌片，另一烧杯中加入 20 mL 0.5 mol・L^{-1} $CuSO_4$，插入连有导线的铜片，用盐桥将两烧杯中的溶液连通，将铜电极连接检流计正极，锌电极接负极，测定两电极的电势差，在不断搅拌下向 $CuSO_4$ 溶液中注入浓氨水至生成的沉淀溶解，观察电势差有何变化；再在不断搅拌下向 $ZnSO_4$ 溶液中注入氨水至生成的沉淀溶解，观察电势有何变化。试用能斯特方程加以解释，写出相关的化学反应式。

3.6.5　思考题

　　①$K_2Cr_2O_7$ 能与浓盐酸作用得到氯气，但 Cl_2 能将 CrO_2^- 氧化为 CrO_4^{2-}，为什么？

　　②Fe^{3+} 能氧化 I^-，而 I_2 能氧化 $Fe(OH)_3$，为什么？

　　③计算 $Cu|CuSO_4(0.01\ mol・L^{-1})\ \|\ CuSO_4(0.5\ mol・L^{-1})|Cu$ 浓差电池的电动势。

　　④写出下列氧化剂和还原剂通常情况下被还原或被氧化的产物：

　　MnO_4^-（酸性，中性，碱性），H_2O_2，CrO_4^-，H_2SO_4（浓），Fe^{3+}，Cu^{2+}。

　　⑤设计实验方案测定电对 Zn^{2+}/Zn，Pb^{2+}/Pb，Cu^{2+}/Cu 电极电势的顺序。

　　⑥盐桥在原电池中的作用是什么？

　　⑦什么情况下用标准电极电势判断反应方向？什么时候用能斯特方程？

⑧为什么不能用稀盐酸与 MnO_2 反应制备 Cl_2？

3.7 配合物的生成及性质

3.7.1 实验目的

①比较配离子与简单离子的区别。
②了解影响配位离解平衡因素。
③加深对配合物特性的理解。
④了解配合物的一些应用。

3.7.2 实验原理

配合物组成一般可分为内界和外界两部分，中心离子和配位体组成配合物的内界，其余离子处于外界。例如在 $[Co(NH_3)_6]Cl_3$ 中 Co^{3+} 与 NH_3 组成内界，3 个 Cl^- 处于外界。在水溶液中主要以 Cl^- 和 $[Co(NH_3)_6]^{3+}$ 两种离子存在。又例如

$$Fe^{3+}+6KCN \Longrightarrow K_3[Fe(CN)_6]+3K^+$$

外界 (中心离子 配位体) ← 内界

每种配离子，例如 $[Co(NH_3)_6]^{3+}$、$[Fe(CN)_6]^{3-}$、$[Ag(NH_3)_2]^+$ 等，在水溶液中也都会发生离解，也就是说配离子在溶液中同时存在着配位过程和离解过程，即存在着配位平衡。如：

$$Ag^+ + 2NH_3 \Longrightarrow [Ag(NH_3)_2]^+$$

$$K_f^\ominus = \frac{c[Ag(NH_3)_n]^+/c^\ominus}{[c(Ag^-)/c^\ominus] \cdot [c(NH_3)/c^\ominus]^2}$$

$K_f^\ominus$ 称为稳定常数，可用于判断配位反应进行的程度。不同的配离子具有不同的稳定常数。对于同种类型的配离子，$K_f^\ominus$ 值越大，表示配离子愈稳定。

简单离子形成配合物后，其颜色、溶解度、电极电位等都会发生变化，利用这些变化可以检验有关离子。例如：

$$Fe^{3+}+nSCN^- \Longrightarrow [Fe(SCN)_n]^{3-n}$$

黄色 无色 浅红 → 血红色
$n=1 \longrightarrow 6$

$$\text{Ni}^{2+}+2\ \begin{array}{c}\text{CH}_3-\text{C}=\text{N}-\text{OH}\\ |\\ \text{CH}_3-\text{C}=\text{N}-\text{OH}\end{array} \Longleftrightarrow \quad \text{（鲜红配合物结构）} \quad +2\text{H}^+$$

浅绿　　　浅黄　　　　　　　　　　　　　　　　鲜红

根据平衡移动原理,改变中心离子或配体的浓度,配位平衡会发生移动。如加入沉淀剂,改变溶液的浓度,以及改变溶液的酸度等条件,配位平衡都将发生移动。

3.7.3　仪器和试剂

(1)仪器　离心管,烧杯(50 mL,100 mL),量筒(10 mL),离心机,试管架。

(2)试剂

酸:HCl($6\ \text{mol} \cdot \text{L}^{-1}$),1:1$\text{H}_2\text{SO}_4$,$\text{HNO}_3$($6\ \text{mol} \cdot \text{L}^{-1}$)。

碱:氨水($2\ \text{mol} \cdot \text{L}^{-1}$,$6\ \text{mol} \cdot \text{L}^{-1}$),NaOH($0.1\ \text{mol} \cdot \text{L}^{-1}$,$2\ \text{mol} \cdot \text{L}^{-1}$)。

盐:NaF 固体,饱和(NH_4)$_2\text{C}_2\text{O}_4$,CuSO_4($0.2\ \text{mol} \cdot \text{L}^{-1}$),$\text{Na}_2\text{S}_2\text{O}_3$($0.1\ \text{mol} \cdot \text{L}^{-1}$),$\text{K}_3[\text{Fe(CN)}_6]$($0.1\ \text{mol} \cdot \text{L}^{-1}$),NaCl($0.1\ \text{mol} \cdot \text{L}^{-1}$),KBr($0.1\ \text{mol} \cdot \text{L}^{-1}$),KI($0.1\ \text{mol} \cdot \text{L}^{-1}$),KSCN($0.1\ \text{mol} \cdot \text{L}^{-1}$),$\text{K}_3[\text{Fe(CN)}_6]$($0.1\ \text{mol} \cdot \text{L}^{-1}$),$\text{KNO}_3$($0.1\ \text{mol} \cdot \text{L}^{-1}$),$\text{BaCl}_2$($0.1\ \text{mol} \cdot \text{L}^{-1}$),$\text{CuSO}_4$($0.1\ \text{mol} \cdot \text{L}^{-1}$),$\text{FeCl}_3$($0.1\ \text{mol} \cdot \text{L}^{-1}$),$\text{NiSO}_4$($0.2\ \text{mol} \cdot \text{L}^{-1}$),EDTA($0.1\ \text{mol} \cdot \text{L}^{-1}$),$\text{Na}_2\text{S}$($0.1\ \text{mol} \cdot \text{L}^{-1}$),$\text{AgNO}_3$($0.1\ \text{mol} \cdot \text{L}^{-1}$)。

其他:CCl_4。

3.7.4　实验内容

(1)配离子的生成和配合物的组成及制备

①在离心管中加入 $0.2\ \text{mol} \cdot \text{L}^{-1}$ CuSO_4 溶液 10 滴,逐滴加入 $0.1\ \text{mol} \cdot \text{L}^{-1}$ BaCl_2,观察现象。

②在离心管中加入 $0.2\ \text{mol} \cdot \text{L}^{-1}$ CuSO_4 溶液 10 滴,逐滴加入 $0.1\ \text{mol} \cdot \text{L}^{-1}$ NaOH,观察现象。

③在离心管中加入 $0.2\ \text{mol} \cdot \text{L}^{-1}$ CuSO_4 溶液 10 滴,逐滴加入 $\text{NH}_3 \cdot \text{H}_2\text{O}$,观察现象,加过量 $\text{NH}_3 \cdot \text{H}_2\text{O}$ 至沉淀溶解。

④在步骤③得到的溶液分成 2 份。

a. 一份加 $0.1\ \text{mol} \cdot \text{L}^{-1}$ BaCl_2,观察现象(配合物在溶液中的存在形式是什么?)。

b. 一份加 $0.1\ \text{mol} \cdot \text{L}^{-1}$ NaOH,观察现象。

(2)简单离子和配离子的区别

①在离心管中加入 0.1 mol·L⁻¹ FeCl₃ 溶液 10 滴,逐滴加入 0.1 mol·L⁻¹ KSCN,观察现象。

②在离心管中加入 0.1 mol·L⁻¹ K₃[Fe(CN)₆] 溶液 10 滴,逐滴加入 0.1 mol·L⁻¹ KSCN,观察现象。

(3)影响配位平衡的因素

①配位平衡与介质的酸碱性:在离心管中加入 0.2 mol·L⁻¹ NiSO₄ 溶液 5 滴,逐滴加入 2 mol·L⁻¹ NH₃·H₂O,边加边摇,观察沉淀的生成;再滴加过量 NH₃·H₂O 至沉淀溶解。

把上述溶液分成 2 份:1 份加 H₂SO₄,振荡,观察现象,写出化学方程式。1 份加 NaOH,振荡,观察现象,写出化学方程式。

②配位平衡与沉淀反应:在盛有 10 滴 0.1 mol·L⁻¹ AgNO₃ 溶液试管中,加入 10 滴 0.1 mol·L⁻¹ NaCl 溶液,观察白色沉淀生成,边滴加 6 mol·L⁻¹ NH₃·H₂O 边振摇至沉淀刚好溶解,再加 10 滴 0.1 mol·L⁻¹ KBr 溶液,观察浅黄色沉淀生成。然后再滴加 0.1 mol·L⁻¹ Na₂S₂O₃ 溶液,边加边摇,直至刚好溶解。滴加 0.1 mol·L⁻¹ KI 溶液,又有何沉淀生成? 通过上述实验,定性比较:AgCl、AgBr、AgI 这 3 种化合物溶解度的大小;[Ag(NH₃)₂]⁺、[Ag(S₂O₃)₂]³⁻ 这两种配离子稳定性的大小。

③配位平衡与氧化还原:

a. 在离心管中加入 0.1 mol·L⁻¹ FeCl₃ 溶液 5 滴,逐滴加入 KI;再加入 CCl₄,振荡,观察现象。

b. 在离心管中加入 0.1 mol·L⁻¹ K₃[Fe(CN)₆]溶液 5 滴,逐滴加入 KI;再加入 CCl₄,振荡,观察现象。

④配合物之间的转化:在离心管中加入 0.1 mol·L⁻¹ FeCl₃ 溶液 5 滴,加入 KSCN 溶液,振荡,观察现象;再滴加 NH₄F 溶液,振荡,观察颜色的变化。

⑤螯合物的形成:取两只 100 mL 烧杯,各盛 50 mL 自来水(用井水效果更明显),在其中一只烧杯中加入 3～5 滴 0.1 mol·L⁻¹ EDTA 二钠盐溶液。然后将两只烧杯中的水加热煮沸 10 min。可以看到,未加 EDTA 二钠盐溶液的烧杯中有白色悬浮物(请思考是何物)生成,加 EDTA 二钠盐溶液的烧杯中则没有,解释该现象。

3.7.5　注意事项

①制备配合物时,配位剂要逐滴加入,否则一次加入过量的配位剂可能看不到

中间产物沉淀的生成。

②配合物生成时,有的使用的配位剂浓度较大,例如$[Cu(NH_3)_4]^{2+}$的生成要用 6 mol·L^{-1}氨水,实验中注意不要将药品浓度搞错。

3.7.6　思考题

①衣服上沾有铁锈时常用草酸去洗,试说明原理。

②可用哪些不同类型的反应,使$[FeSCN]^{2+}$配离子的红色褪去?

③变色硅胶是实验室常用干燥剂,其变色原理是什么?

3.8　银氨配离子配位数的测定

3.8.1　实验目的

①应用已学过的关于配位平衡和多相离子平衡的原理,测定银氨配离子$[Ag(NH_3)_n]^+$的配位数 n。

②计算银氨配离子的 $K^\ominus$。

3.8.2　实验原理

在 $AgNO_3$ 溶液中加入过量氨水即生成稳定的$[Ag(NH_3)_n]^+$,再往溶液中加入 KBr 溶液,直至刚刚出现 AgBr 沉淀(浑浊)为止。这时混合液中同时存在如下平衡:

$$Ag^+ + nNH_3 \rightleftharpoons [Ag(NH_3)_n]^+$$

$$K_f^\ominus = \frac{c[Ag(NH_3)_n]^+/c^\ominus}{[c(Ag^+)/c^\ominus] \cdot [c(NH_3)/c^\ominus]^n}$$

$$Ag^+ + Br^- = AgBr \downarrow$$

$$K_{sp}^\ominus = [c(Ag^+)/c^\ominus][c(Br^-)/c^\ominus]$$

体系中 $c(Ag^+)$ 必须同时满足上述两个平衡,所以

$$AgBr \downarrow + nNH_3 = [Ag(NH_3)_n]^+ + Br^-$$

$$K^\ominus = \frac{\{c[Ag(NH_3)_n]^+\}[c(Br^-)/c^\ominus]}{[c(NH_3)/c^\ominus]^n}$$

$$= K_f^\ominus \cdot K_{sp}^\ominus$$

$$\{c[Ag(NH_3)_2]^+/c^\ominus\} \cdot [c(Br^-)/c^\ominus] = K^\ominus \cdot [c(NH_3)/c^\ominus]^n$$

$$(3-8-1)$$

式(3-8-1)两边取对数,得直线方程:

$$\lg\{c[\mathrm{Ag(NH_3)}_n]^+/c^{\ominus} \cdot c(\mathrm{Br^-})/c^{\ominus}\} = n\lg[c(\mathrm{NH_3})/c^{\ominus}] + \lg K^{\ominus}$$

$$(3-8-2)$$

以 $\lg\{c[\mathrm{Ag(NH_3)}_2]^+/c^{\ominus}\} \cdot [c(\mathrm{Br^-})/c^{\ominus}]$ 为纵坐标、$\lg[c(\mathrm{NH_3})/c^{\ominus}]$ 为横坐标作图,所得直线斜率(取最接近的整数)即为 $[\mathrm{Ag(NH_3)}_n]^+$ 的配位数 n。

式(3-8-2)中 $c(\mathrm{Br^-})/c^{\ominus}$、$c[\mathrm{Ag(NH_3)}_n/c^{\ominus}]$、$c(\mathrm{NH_3})/c^{\ominus}$ 均为平衡时的浓度 $(\mathrm{mol} \cdot \mathrm{L^{-1}})$。

$$c(\mathrm{Br^-}) = c(\mathrm{Br^-})_0 \times \frac{V_{\mathrm{Br^-}}}{V_\mathrm{t}}$$

$$c[\mathrm{Ag(NH_3)}_n^+] = c(\mathrm{Ag^+})_0 \times \frac{V_{\mathrm{Ag^+}}}{V_\mathrm{t}}$$

$$c(\mathrm{NH_3}) = c(\mathrm{NH_3})_0 \times \frac{V_{\mathrm{NH_3}}}{V_\mathrm{t}}$$

式中 V_t 为混合溶液的总体积。

$$V_{\mathrm{Br^-}} = \frac{K^{\ominus} \cdot V_{\mathrm{NH_3}}^n \cdot \left[\dfrac{c(\mathrm{NH_3})_0}{V_\mathrm{t}}\right]^n}{\dfrac{c(\mathrm{Ag^+})_0 \cdot V_{\mathrm{Ag^+}}}{V_\mathrm{t}} \cdot \dfrac{c(\mathrm{Br^-})_0}{V_\mathrm{t}}}$$

$$V_{\mathrm{Br^-}} = K' \cdot V_{\mathrm{NH_3}}^n$$

$$\lg V_{\mathrm{Br^-}} = n\lg V_{\mathrm{NH_3}} + \lg K'$$

以 $\lg V_{\mathrm{Br^-}}$ 为纵坐标、$\lg V_{\mathrm{NH_3}}$ 为横坐标作图,$\lg K'$ 为截距,求出直线斜率 n。

3.8.3 仪器和试剂

(1)仪器 多用滴管(4 支),微量滴头(约 40 滴/mL),5 mL 点滴板,洗瓶。

(2)试剂 $\mathrm{AgNO_3}(0.010\ \mathrm{mol} \cdot \mathrm{L^{-1}})$,氨水$(2.0\ \mathrm{mol} \cdot \mathrm{L^{-1}})$,$\mathrm{KBr}(0.010\ \mathrm{mol} \cdot \mathrm{L^{-1}})$。

3.8.4 实验内容及步骤

①用 20 mL 的移液管量取 20.0 mL 0.010 mol · L⁻¹ AgNO₃ 溶液,放到 250 mL 锥形瓶中。

②用碱式滴定管加入 30.0 mL 2.0 mol · L⁻¹氨水,用量筒量取 50.0 mL 蒸馏

水放入该瓶中,然后在不断摇动下,用酸式滴定管滴加入 $0.010\ mol \cdot L^{-1}$ KBr,直至开始产生 AgBr 沉淀,使整个溶液呈现浅乳浊色不再消失为止。记下加入的 KBr 溶液的体积 V_{Br^-} 和溶液的总体积 V_t。

③再用 25、20、15、10 mL $2.0\ mol \cdot L^{-1}$ 氨水溶液重复上述操作。在进行重复操作中,当接近终点后应补加适量的蒸馏水(补加水体积等于第一次消耗的 KBr 溶液的体积减去这次快接近终点所消耗的 KBr 溶液的体积),使溶液的总体积 V_t 与第一个滴定的 V_t 相同。

④将滴定终点时所用去的 KBr 溶液的体积 V_{Br^-} 及所补加入的蒸馏水的体积记录下来。

⑤以 $\lg(V_{Br^-}/mL)$ 为纵坐标,$\lg(V_{NH_3}/mL)$ 为横坐标,作图,求出直线斜率 n,从而求出 $[Ag(NH_3)_n]^+$ 的配位数 n(取最接近的整数)

⑥根据直线在纵坐标上的截距 $\lg K$,求算 K'。并利用已求出的配位数 n,计算 K 值。然后求出银氨配离子的 K_f 值。

⑦实验结果与数据记录于表 3-8-1 中。

表 3-8-1　银氨配离子配位数测定结果

混合溶液编号	V_{Ag^+}/mL $(0.010\ mol \cdot L^{-1})$	V_{NH_3}/mL $(2.0\ mol \cdot L^{-1})$	V_{H_2O} /mL	V_{H_2O}补充 /mL	V_{Br^-}/mL $(0.010\ mol \cdot L^{-1})$	V_t/mL	$\lg V_{NH_3}$	$\lg V_{Br^-}$
1	20.0	30.0	50					
2	20.0	25.0	+55					
3	20.0	20.0	+60					
4	20.0	15.0	+65					
5	20.0	10.0	+70					

在实验过程中,$AgNO_3$ 和氨水的使用量都很大,使实验室环境遭到很大程度的污染,对学生的身体健康及操作训练都极为不利。因此,实际工作中采用了微型实验方法。

①取 4 支多用滴管,分别吸取 $0.010\ mol \cdot L^{-1}\ AgNO_3$ 溶液、$2.0\ mol \cdot L^{-1}$ 氨水、$0.010\ mol \cdot L^{-1}\ KBr$ 溶液和蒸馏水,并贴上标签。

②将微量滴头套紧在装有 $AgNO_3$ 溶液的多用滴管上,挤出少量溶液冲洗滴头,然后分别向 5 支试管中(需干燥)中加入 20 滴 $AgNO_3$ 溶液。

③取下滴头用蒸馏水冲洗,再套紧在装有氨水的多用滴管上,氨水冲洗后,按表中各编号所示的滴数分别将氨水加入到 5 支试管中。

④按上述同样的方法加入蒸馏水。

⑤将微量滴头套紧在装有 KBr 溶液的多用滴管上,经冲洗后,按编号逐一向各孔穴内滴入 KBr 溶液,并不断搅拌。滴至刚产生的 AgBr 混浊不消失为止。记下各试管中所加 KBr 溶液的滴数,填入表 3‐8‐2 中。

表 3‐8‐2　微型法测定银氨配离子配位数实验结果

混合溶液编号	加入滴数				V_t/mL	$\lg V_{\mathrm{NH_3}}$	$\lg V_{\mathrm{Br^-}}$
	Ag^+	NH_3	H_2O	Br^-			
1	20	40	10				
2	20	35	15				
3	20	30	20				
4	20	25	25				
5	20	20	30				
6	20	15	25				

3.8.5　思考题

①在计算平衡浓度$[Br^-]$,$[NH_3]$和$[Ag(NH_3)_n]^+$时,为什么不考虑进入 AgBr 沉淀的 Br^-,进入 AgBr 及配离子离解出来的 Ag^+,以及生成配离子时消耗掉的 NH_3 的浓度?

②在重复滴定操作过程中,为什么要补加一定量的蒸馏水使溶液的总体积 V_t 与第一个滴定的 V_t 相同?

③在其他实验条件完全相同的情况下,能否用相同浓度的 KCl 或 KI 溶液进行本实验? 为什么?

第4章 元素部分实验

4.1 常见阳离子的定性鉴定

4.1.1 实验目的

掌握常见阳离子的定性鉴定方法,为定性分析物质的组成打下基础。

4.1.2 实验内容

(1)K^+的鉴定

①亚硝酸钴钠法:取 1 滴 K^+ 试液于离心管中,加入 1 滴 0.1 mol·L^{-1} $Na_3Co(NO_2)_6$溶液,产生黄色 $K_2Na[Co(NO_2)_6]$沉淀,证明有 K^+ 存在。

②四苯硼钠法:取 1 滴 K^+ 试液于离心管中,加入 2 滴 3% $NaB(C_6H_5)_4$ 溶液,生成白色沉淀,证明试液中有 K^+ 存在。

③焰色反应:用洁净的镍丝蘸 K^+ 试液,放在煤气灯的无色火焰中灼烧,火焰呈紫色(为消除 Na^+ 的火焰干扰,可透过蓝色钴玻璃观察),表示有 K^+。

(2)Na^+的鉴定

①醋酸铀酰锌法:取 1 滴 Na^+ 试液滴入离心管中,加 4 滴 95%乙醇和 8 滴醋酸铀酰锌溶液,用玻棒摩擦管壁,生成淡黄绿色 $NaZn(UO_2)_3(Ac)_9$·$9H_2O$ 晶形沉淀[若有大量 K^+ 干扰,则生成 $KAcUO_2(Ac)_2$ 针状结晶],则表示有 Na^+ 存在。

②焰色反应:用洁净的铂丝蘸少许 Na^+ 试液,在氧化焰中灼烧,火焰呈黄色,证明有 Na^+ 存在。

(3)Ca^{2+}的鉴定

①焰色反应:用洁净的镍铬丝或铂丝蘸 Ca^{2+} 试液少许,在无色氧化焰上灼烧,火焰呈砖红色,表示 Ca^{2+} 存在。

②草酸铵法:取 2 滴 Ca^{2+} 试液于离心管中,加 4~5 滴饱和$(NH_4)_2C_2O_4$ 溶液,再加 2 mol·$L^{-1}NH_3$·H_2O 至碱性,在水浴上加热,生成白色沉淀 CaC_2O_4,表示有 Ca^{2+} 存在。

(4)Mg^{2+}的鉴定(对硝基偶氮间苯二酚) 采用镁试剂Ⅰ法:取 1 滴 Mg^{2+} 试液于点滴板上,加 1 滴 6 mol·$L^{-1}NaOH$ 溶液和 1 滴镁试剂Ⅰ溶液,生成蓝色沉淀

（Mg^{2+} 量少时仅溶液变蓝），表示有 Mg^{2+} 存在。

（5）Ba^{2+} 的鉴定

①K_2CrO_4 法：取 1 滴 Ba^{2+} 试液于离心管中，加 1 滴 2 mol·L^{-1} HAc 和 1 滴 1 mol·L^{-1} K_2CrO_4 溶液，生成黄色沉淀，离心分离，沉淀上加 2 滴 2 mol·L^{-1} NaOH 溶液，沉淀不溶解，表示有 Ba^{2+} 存在。

②焰色反应：用洁净的铂丝蘸 Ba^{2+} 试液少许，于无色的氧化焰上灼烧，火焰呈黄绿色，证明是 Ba^{2+} 试液。

③玫瑰红酸钠法：取中性或弱酸性介质中的 Ba^{2+} 试液 1 滴于滤纸上，加 5% 玫瑰红酸钠试剂 1 滴，形成红棕色斑点。再加 0.5 mol·L^{-1} HAc 溶液 1 滴，斑点变为红色，表示有 Ba^{2+} 存在。

（6）Al^{3+} 的鉴定

①铝试剂法：取 2 滴 Al^{3+} 试液于离心管中，加入 3 滴 6 mol·L^{-1} HAc，再滴加 0.1% 的铝试剂 2～3 滴，微热。再加氨水至有氨味，产生鲜红色絮状沉淀，证明有 Al^{3+} 存在。

②茜素磺酸钠法：在滤纸上加 Al^{3+} 试液和 0.1% 茜素磺酸钠（简称 Aliz·S）各 1 滴，再滴加 1 滴 6 mol·L^{-1} 氨水，生成红色斑点，表示 Al^{3+} 存在。

（7）Fe^{3+} 的鉴定

①黄血盐 $K_4[Fe(CN)_6]$ 法：取 1 滴 Fe^{3+} 试样于点滴板上，加 1 滴 0.1 mol·L^{-1} $K_4[Fe(CN)_6]$，有普鲁士蓝沉淀生成，表示 Fe^{3+} 存在。

②KSCN（或 NH_4SCN）法：取 1 滴 Fe^{3+} 试液于点滴板上，加 2 滴 0.1 mol·L^{-1} KSCN 溶液，溶液立即呈现血红色，表示有 Fe^{3+} 存在。

（8）Fe^{2+} 的鉴定

①赤血盐法：取 1 滴新配制的 Fe^{2+} 试液于点滴板上，加 2 滴 0.1 mol·L^{-1} $K_3[Fe(CN)_6]$ 溶液，生成滕氏蓝（纯蓝）沉淀，表示有 Fe^{2+} 存在。

②邻二氮菲法：取 1 滴新制的 Fe^{2+} 试液于点滴板上，加 1～2 滴 2% 邻二氮菲，溶液呈橘红色。证明有 Fe^{2+} 存在。

（9）Zn^{2+} 的鉴定

①二苯硫腙法：在 2 滴 Zn^{2+} 试样中，滴入 5 滴 6 mol·L^{-1} NaOH 溶液，再滴入 10 滴二苯硫腙四氯化碳溶液（将 0.1 g 二苯硫腙溶于 1 000 mL CCl_4 或 $CHCl_3$ 中），搅拌，并在水浴上将溶液加热。水溶液呈粉红色表示有 Zn^{2+} 存在，CCl_4 层则由绿色变为棕色。

②诱导法：取 1 滴 0.02% $CoCl_2$ 溶液于点滴板上，加 1 滴 $(NH_4)_2Hg(SCN)_4$ 溶液，搅拌，此时不生成蓝色沉淀。加 1 滴 Zn^{2+} 试液，摩擦，即生成蓝色沉淀，表示

有 Zn^{2+} 存在。

(10)Cu^{2+} 的鉴定　取 1 滴 Cu^{2+} 试液于点滴板上,滴加 1 滴 0.1 mol·L^{-1} $K_4[Fe(CN)_6]$ 溶液,生成红棕色 $Cu_2[Fe(CN)_6]$ 沉淀,加入 6 mol·L^{-1} NH_3·H_2O 沉淀溶解,生成蓝色溶液,表示有 Cu^{2+} 存在。

(11)Hg^{2+} 的鉴定　取 2 滴 Hg^{2+} 试液于离心管中,加入 2 滴 0.5 mol·L^{-1} $SnCl_2$ 溶液,生成白色沉淀(Hg_2Cl_2),并逐渐变灰或黑色(Hg),表示有 Hg^{2+} 存在。

(12)Ag^+ 的鉴定

①K_2CrO_4 法:取 1 滴 Ag^+ 试液(近中性)于离心管中,加 1 滴 1 mol·L^{-1} K_2CrO_4 溶液,产生砖红色沉淀,表示有 Ag^+ 存在。

②取 2 滴 Ag^+ 试液滴入离心管中,加 1 滴 3 mol·L^{-1} HCl 溶液,生成白色凝乳状沉淀,离心分离。在沉淀上加 2 滴 2 mol·L^{-1} 氨水,使沉淀溶解。再逐滴加 2 mol·L^{-1} HNO_3 溶液,摇动,又生成白色沉淀,证明有 Ag^+ 存在。

(13)Pb^{2+} 的鉴定

①K_2CrO_4 法:取 1 滴 Pb^{2+} 试液于离心管中,加 1 滴 1 mol·L^{-1} K_2CrO_4 溶液,产生黄色沉淀,表示有 Pb^{2+} 存在。

②二苯硫腙法:取 1 滴 Pb^{2+} 试液于离心管中,加 2 滴 1 mol·L^{-1} 酒石酸钾钠溶液,再滴加 6 mol·L^{-1} 氨水,调至溶液的 pH 为 9~11,加入 0.01% 二苯硫腙 4~5 滴,用力振动,下层呈红色,表示有 Pb^{2+} 存在。

(14)Ni^{2+} 的鉴定

①丁二酮肟法:取 1 滴 Ni^{2+} 试液于离心管中,加 1 滴 3 mol·L^{-1} 氨水,再加 1 滴 1% 丁二酮肟,生成鲜红色沉淀,表示有 Ni^{2+} 存在。

②二硫代乙二酰胺(H_2NCS)$_2$ 法:取 1 滴氨性介质中的 Ni^{2+} 试液于滤纸上,再用 1%(H_2NCS)$_2$ 在斑点周围画圈,如显蓝色或蓝紫环,表示有 Ni^{2+} 存在。

(15)Mn^{2+} 的鉴定

①($NaBiO_3$ 法)取 1 滴 Mn^{2+} 试液于离心管中,加 3 滴 2 mol·L^{-1} HNO_3 和少许固体 $NaBiO_3$,搅拌或适当水浴加热后离心沉降,溶液显紫红色,表示有 Mn^{2+} 存在。

②取 Mn^{2+} 试液 1 滴于离心管中,加 0.5 mol·L^{-1} HAc 和 NaAc 缓冲液调节 pH 为 2~4,加饱和(NH_4)$_2C_2O_4$ 溶液 2 滴,加少量固体 $NaNO_2$,生成粉黄色配位化合物,表示有 Mn^{2+} 存在。

(16)Cr^{3+} 的鉴定

①取 1 滴 Cr^{3+} 试液,滴入 4 滴 6 mol·L^{-1} NaOH 溶液,然后滴入 3 滴 3% H_2O_2,微热至溶液呈浅黄色。待试管冷却后,加 0.5 mL 乙醚,再慢慢滴入

6 mol・L⁻¹HNO₃ 酸化,摇动试管,在乙醚层出现深蓝色,表示有 Cr^{3+} 存在。

②取 1 滴 Cr^{3+} 试液,滴入 4 滴 6 mol・L⁻¹NaOH 溶液,再滴入 3 滴 3% H_2O_2,微热至溶液呈浅黄色。待冷却后,加 2 滴 Ag^+ 试液,产生砖红色沉淀,表示有 Cr^{3+} 存在。

(17)NH_4^+ 的鉴定

①气室法:在一表面皿中加 2 滴 NH_4^+ 试液和 2 滴 2 mol・L⁻¹ NaOH 溶液,很快用另一贴有 pH 试纸的表面皿盖上。将此气室于水浴中加热。如 pH 试纸变碱色(pH 大于 10),则表示有 NH_4^+ 存在。

②奈氏试剂法:取 1 滴 NH_4^+ 试液于点滴板上,加 2 滴奈斯勒试剂,产生红棕色沉淀(如 NH_4^+ 浓度小仅显棕或黄色),表示有 NH_4^+ 存在。

(18)Bi^{3+} 的鉴定

①取 1 滴 Bi^{3+} 试液,加 2 滴 3 mol・L⁻¹HNO₃,加 1 滴 2.5%硫脲,生成鲜黄色的配合物溶液,表示有 Bi^{3+} 存在。

②取 1 滴试液于点滴板上,加 2 滴 2.5%的硫脲和 2%$CuSO_4$ 溶液,(如加 $CuSO_4$ 后有沉淀生成,应再加 2 滴硫脲),再加 1~2 滴 4%的 KI 溶液,生成橙色至橙红色沉淀[$Bi(tu)_3I_3・Cu(tu)_3I$],表示有 Bi^{3+} 存在(tu 表示硫脲)。

(19)Co^{2+} 的鉴定

①取 1 滴 Co^{2+} 试液于离心管中,加饱和 NH_4SCN 或其固体,再加 3~5 滴丙酮,依 Co^{2+} 量的大小而呈蓝色或绿色[$Co(SCN)_4$]²⁻,表示有 Co^{2+} 存在。

②4-[(5-氯-吡啶)偶氮]-1,3-二氨基苯(简称 5-Cl-PADAB)法:取 1 滴 Co^{2+} 试液于点滴板上,加 1 滴 0.04%5-Cl-PADAB 乙醇溶液和 1 滴 6 mol・L⁻¹ HCl,溶液呈玫瑰色,表示有 Co^{2+} 存在。

(20)Cd^{2+} 的鉴定　镉试剂 2B(Cadion2B)法:于定量滤纸上加 1 滴 0.02%镉试剂,烘干,再加 1 滴 Cd^{2+} 试液(应先调至酸性,并含少量酒石酸钾钠),烘干。然后加 1 滴 2 mol・L⁻¹KOH 溶液,斑点呈红色则表示有 Cd^{2+} 存在。

4.2　常见阴离子的定性鉴定

4.2.1　实验目的

掌握常见阴离子的定性鉴定方法,为定性分析物质的组成打下基础。

4.2.2　实验内容

(1)Cl^- 的鉴定

①取 1 滴试液于离心管中,加 1 滴 $AgNO_3$ 试剂($0.1\ mol \cdot L^{-1}$)生成白色沉淀,离心分离,用水洗涤沉淀 1~2 次,加 $0.1\ mol \cdot L^{-1}\ Na_2AsO_3$ 溶液 2 滴,生成黄色沉淀,表示有 Cl^- 存在。

②取 1 滴 Cl^- 试液于离心管中,加 1 滴 $0.1\ mol \cdot L^{-1}\ AgNO_3$ 溶液,生成白色沉淀,离心分离,向沉淀上滴加 $6\ mol \cdot L^{-1}\ NH_3 \cdot H_2O$,并不断搅拌,待沉淀溶解完全,加 $2\ mol \cdot L^{-1}\ HNO_3$ 溶液数滴,沉淀重新出现,表示有 Cl^- 存在。

(2)Br^- 的鉴定

①取 2 滴试液于离心管中,加少量研细的固体 $K_2Cr_2O_7$ 及 2 滴浓 H_2SO_4,混匀。将一预先被 $NaHCO_3$ 褪色的品红溶液浸过的滤纸放在管口上方,离心管放入水浴中微热,析出的 Br_2 使滤纸呈紫红色,表示有 Br^- 存在。此法可在 Cl^-、I^- 存在下鉴定微量 Br^-。

②在 2 滴 Br^- 试液中,加 4 滴 CCl_4、2 滴 Cl_2 水,搅拌后,CCl_4 层显红棕色,再加过量 Cl_2 水,CCl_4 层变浅黄或呈无色,表示有 Br^- 存在。

(3)I^- 的鉴定

①取 1 滴试液于离心管中,加 1 滴 $1\ mol \cdot L^{-1}\ HAc$ 酸化,加入 2% $Bi(NO_3)_2$、2% $CuSO_4$ 和硫脲各 1 滴,生成红色或橙红色沉淀,证明有 I^- 存在。

②取 1 滴试液于离心管中,加 1 滴 $3\ mol \cdot L^{-1}\ H_2SO_4$ 酸化,加入 4 滴 CCl_4 后,滴加 Cl_2 水,用力振荡,当 CCl_4 层显紫红色时,表示有 I^- 存在。Cl_2 水过量时,颜色将褪去。

(4)F^- 的鉴定　加 1 滴锆-茜素 S 试剂(0.1% $ZrCl_4$ 和 0.1% 茜素 S 等体积混合,溶液呈紫红色)于滤纸上,在空气中干燥滤纸,滴 1 滴 1:1 的乙酸湿润,加 1 滴中性试液于湿斑上,紫红色湿斑变成黄色,表示有 F^- 存在。

(5)NO_3^- 的鉴定　取 1 小粒 $FeSO_4 \cdot 7H_2O$ 结晶放在点滴板上,加 1 滴试液,2 滴浓 H_2SO_4,反应后,在 $FeSO_4$ 周围形成棕色环,表示有 NO_3^- 存在。

(6)NO_2^- 的鉴定

①取 1 滴试液于点滴板中,加 2 滴 $2\ mol \cdot L^{-1}\ HAc$ 酸化,再加对氨基苯磺酸和 α-萘胺各 1 滴,立即出现红色,表示有 NO_2^- 存在(若 NO_2^- 浓度过大,则红色很快褪去)。

②取 1 滴试液于离心管中,加 1 滴 $2\ mol \cdot L^{-1}\ HAc$ 酸化,再加 2 滴 2.5% 硫脲,2 滴 $2\ mol \cdot L^{-1}\ HCl$ 及 1 滴 $0.5\ mol \cdot L^{-1}\ FeCl_3$ 溶液,溶液立即呈深红色,表明有 NO_2^- 存在。

(7)SO_4^{2-} 的鉴定

①取 1 滴 Ba^{2+} 溶液于滤纸上,加 1 滴新配制的 0.5% 玫瑰红酸钠溶液,生成红

棕色斑点,在此斑点上加 1 滴 SO_4^{2-} 试液,则斑点变为白色,表示有 SO_4^{2-}。

②取 2 滴试液于离心管中,用 6 mol·L^{-1} HCl 酸化后,再多加 1 滴试液,加 2 滴 0.5 mol·L^{-1} $BaCl_2$ 溶液,析出白色 $BaSO_4$ 沉淀,证明有 SO_4^{2-} 存在。

③取 1 滴试液于离心管中,加 1 滴 0.05 mol·L^{-1} $KMnO_4$ 溶液及 Ba^{2+} 溶液 1 滴,生成紫红色沉淀。加热 2~3 min,加数滴 3% H_2O_2,紫红色褪去,沉淀仍为粉红色 $BaSO_4$·$KMnO_4$ 混晶,表示有 SO_4^{2-} 存在。

(8) SO_3^{2-} 的鉴定

①取 1 滴试液(不含 S^{2-})于点滴板上,加入 1 滴 3 mol·L^{-1} HCl 中和,加 1 滴 0.1% 的品红溶液,如很快退色,证明有 SO_3^{2-} 存在。

②取 1 滴试液,加 1 滴 3 mol·L^{-1} HCl 中和,加 1 滴 3% $Na_2[Fe(CN)_5NO]$ 溶液,溶液呈玫瑰红色,加 1 滴饱和 $ZnSO_4$ 溶液,颜色加深,再加 1 滴 0.1 mol·L^{-1} $K_4[Fe(CN)_6]$ 溶液,产生红色沉淀,表示有 SO_3^{2-} 存在。

(9) $C_2O_4^{2-}$ 的鉴定

①取 2 滴试液于离心管中,加热 70℃ 左右,加 1 滴 3 mol·L^{-1} H_2SO_4 和 1 滴 0.02 mol·L^{-1} $KMnO_4$ 溶液,振动试管,紫色退去,并有 CO_2 气体产生,表示有 $C_2O_4^{2-}$ 存在。

②取 1 滴 0.5 mol·L^{-1} $MnSO_4$ 溶液于离心管中,加 2 滴 2 mol·L^{-1} NaOH 溶液,生成白色沉淀。在水浴上加热几分钟,离心分离,弃去清液,此时沉淀为黄棕色 $MnO(OH)_2$,冷却,加试液 2 滴,再加 2 滴 3 mol·L^{-1} H_2SO_4,沉淀溶解,溶液呈红色,表示有 $C_2O_4^{2-}$ 存在。

(10) CH_3COO^- 的鉴定　取 5 滴试液于离心管中,加 2 滴浓 H_2SO_4 和 4 滴戊醇,于水浴中加热 1~2 min,生成乙酸戊酯,再将离心管中内溶物倾入一盛有冷水的烧杯中,此时可嗅到酯的特殊香味,表示有 CH_3COO^- 存在。

(11) CO_3^{2-} 的鉴定　取 1 滴试液于玻璃载片上,加 1 滴 $BaCl_2$ 溶液,小火蒸干,冷却,以水浸湿,盖上载玻片,在盖片周围加 1 滴 3 mol·L^{-1} HCl,当 HCl 浸入沉淀上时,仔细观察有 CO_2 气泡放出,表示有 CO_3^{2-} 存在。

(12) PO_4^{3-} 的鉴定

①取 5 滴试液于离心管中,加 8 滴 6 mol·L^{-1} HNO_3 和 10 滴 0.1 mol·L^{-1} $(NH_4)_2MoO_4$ 试剂,在水浴中加热,生成黄色沉淀,证明有 PO_4^{3-} 存在。

②取 2 滴试液于离心管中,加入 2 滴镁混合试剂(NH_4Cl 和 $MgCl_2$·NH_3 的混合液),形成白色晶状沉淀 $MgNH_4PO_4$。离心后弃去清液,加 4 滴 6 mol·L^{-1} HAc,使沉淀溶解,再加 1 滴 0.1 mol·L^{-1} $AgNO_3$ 溶液,得到黄色沉淀,表示有

PO_4^{3-} 存在(AsO_4^{3-} 有干扰)。

(13)CN^- 的鉴定

①取 1 滴试液加 2 mol·L^{-1} NaOH 使呈强碱性,加 1 滴 25% $FeSO_4$ 溶液,煮沸。加 2 滴 2 mol·L^{-1} HCl 酸化,加 1 滴 0.5 mol·L^{-1} $FeCl_3$,生成蓝色沉淀,表示有 CN^- 存在。

②取几滴试液于小试管中,加 1～2 滴 1 mol·L^{-1} H_2SO_4,立即将预先用等体积 Cu(Ac)$_2$ 和联苯胺试剂湿润的滤纸盖在管口,滤纸出现蓝色斑点,表示有 CN^- 存在。

(14)S^{2-} 的鉴定

①在试管中加 2 滴试液,2 滴 6 mol·L^{-1} HCl,迅速盖上用 $Na_2Pb(OH)_4$ 试剂浸湿的滤纸,如滤纸变黑,表示有 S^{2-} 存在。

②取 1 滴试液于点滴板上,加 1 滴 3% 亚硝酰铁氰化钠,溶液变成紫色,表示有 S^{2-} 存在。

(15)SCN^- 的鉴定

①(Fe^{3+} 法)取 1 滴试液,加 1 滴 0.1 mol·L^{-1} $FeCl_3$ 溶液,溶液呈血红色,证明有 SCN^- 存在。

②取试液 1 滴于坩埚中,加半滴(约 0.02 mL)0.5 mol·L^{-1} Co(NO$_3$)$_2$,蒸干,残渣如呈紫色,加几滴丙酮,有机层呈蓝绿色或绿色,证明有 SCN^- 存在。

第5章 综合、设计实验

5.1 磺基水杨酸合铁(Ⅲ)配合物组成及稳定常数的测定

5.1.1 实验目的

①了解配合物组成(配位数)及稳定常数确定是研究配位平衡的重要内容之一。

②学习分光光度计的使用方法,了解其工作原理。

③掌握用分光光度法测定配合物组成及稳定常数的原理及测定步骤。

④了解用分光光度法测定配合物组成的常用方法——等摩尔连续变化法。

⑤学习采用作图法处理实验数据的方法。

5.1.2 实验原理

采用分光光度法进行定量分析时,通常要经过称样、溶解、显色、测量等步骤,其中显色反应是十分重要的步骤,因为显色反应受多种因素的影响,如溶液酸度、温度、试剂加入顺序等,需要认真研究,以便拟订合适的分析方案,使测定能够准确、迅速完成。

磺基水杨酸(结构见图5-1-1)与Fe^{3+}可以形成稳定的配合物,在pH为2~3时,生成1∶1紫红色螯合物;在pH 4~9时,生成1∶2红色螯合物;在pH为9~11.5时,生成1∶3黄色螯合物;pH>12时,有色螯合物被破坏而生成$Fe(OH)_3$沉淀。

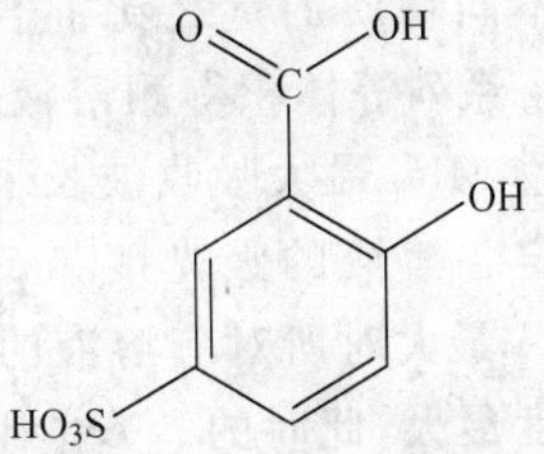

pH为2~3时,磺基水杨酸与Fe^{3+}生成1∶1紫红色螯合物的反应,如图5-1-2所示。

图5-1-1 磺基水杨酸结构

磺基水杨酸溶液是无色的,Fe^{3+}溶液的浓度很小时也可以认为是无色的,待测体系中只有磺基水杨酸合铁(Ⅲ)配离子有颜色。根据朗伯-比耳定律$A = \varepsilon bc$,在一定温度下,当波长λ及比色皿厚度b均一定时,溶液的吸光度A只与有色配离子的浓度c成正比。通过测定溶液的吸光度,可以求出配离子的组成。

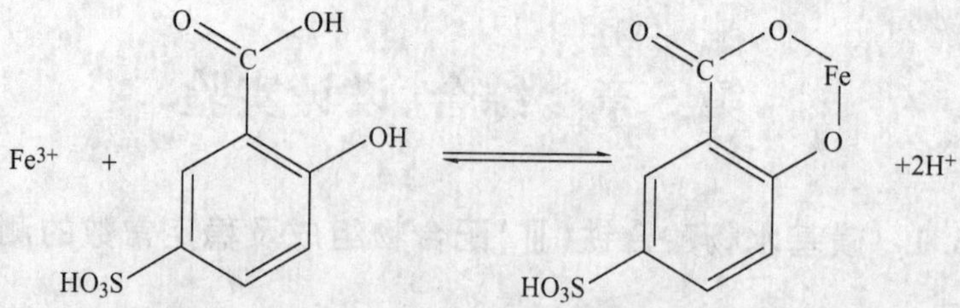

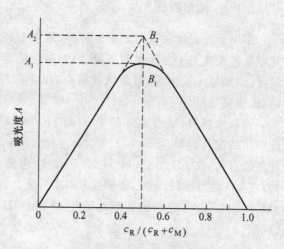

图 5 - 1 - 2 磺基水杨酸与 Fe^{3+} 生成 1∶1 螯合物（pH 2～3）

用光度法测定配离子组成，通常有摩尔比法、等摩尔连续变化法、斜率法和平衡移动法等，每种方法都有一定的适用范围。本实验采用等摩尔连续变化法，通过分光光度计测定配位化合物的组成。

等摩尔连续变化法基本原理：金属离子 M 与配体 R 形成配合物 MR_n 的反应（忽略离子所带电荷）：

$$M + nR \rightleftharpoons MR_n$$

其中 n 为配合物的配位数。

保持金属离子 M 和配体 R 总浓度不变（即保持金属离子浓度 c_M 和配体浓度 c_R 之和不变：$c_M + c_R =$ 常数），改变 c_R 与 c_M 的相对比值（即将金属离子和配体按不同物质的量之比混合），配制一系列等体积待测溶液，在配合物 MR_n 最大吸收波长下分别测定各溶液的吸光度 A。吸光度 A 最大时所对应溶液的 MR_n 浓度最大，此时的 c_R/c_M 比值就是配合物的配位数。以吸光度 A 为纵坐标、$c_R/(c_M + c_R)$ 或 $c_M/(c_M + c_R)$ 为横坐标作图（图 5 - 1 - 3），所得的吸光度曲线最大值所对应的 c_R/c_M 比值就是 n。

图 5 - 1 - 3 等摩尔连续变化法

为了方便测定，实验中常常配制浓度相同的 M 和 R 溶液，在保持溶液总体积不变的前提下，按照 R 与 M 不同的体积比配成一系列混合溶液，测定其吸光度值，吸光度 A 最大时，所对应溶液的体积比就是配合物的配位数 n。

配合物稳定常数确定：按照朗伯 - 比耳定律，若溶液中 M 与 R 全部形成了配合物 MR_n（配合物不解离），则图 5 - 1 - 3 中 $A - c_R/(c_R + c_M)$ 关系应是一条直线，吸光度有明显的最大值 A_2，对应于 MR_n 不解离时配离子的最大吸光度值。而实际上配合物是部分解离的，实际测得的吸光度为 A_1。配合物的离解度为 α 可表示为：

$$\alpha = \frac{A_2 - A_1}{A_2}$$

$$M + nR \rightleftharpoons MR_n$$

$$c\alpha \quad nc\alpha \quad c - c\alpha$$

$$K_f^{\ominus} = \frac{1 - \alpha}{n^n c^n \alpha^{n+1}}$$

$n = 1$ 时　　　　　　　　　　$$K_f^{\ominus} = \frac{1 - \alpha}{c\alpha^2}$$

式中 c 为假设配合物 MR_n 不发生任何解离时的浓度（即图 5 - 1 - 3 中 B_2 点对应的配合物浓度）。

5.1.3　仪器和试剂

(1)仪器　722 型分光光度计，烧杯(50 mL)，容量瓶(100、50、500 mL)，移液管(10 mL)，洗耳球，玻璃棒，滤纸片，擦镜纸。

(2)试剂

①0.01 mol · L^{-1} $HClO_4$ 溶液：将 4.4 mL 70% $HClO_4$ 溶液加入 50 mL 水中，稀释到 500 mL。

②0.010 0 mol · L^{-1} 磺基水杨酸溶液：称取分析纯磺基水杨酸 0.254 2 g，以 0.01 mol · L^{-1} $HClO_4$ 溶解后，转入 100 mL 容量瓶中，用 $HClO_4$ 溶液稀释至刻度。

③0.010 0 mol · L^{-1} $(NH_4)Fe(SO_4)_2$ 溶液：称取分析纯 $(NH_4)Fe(SO_4)_2$ · $12H_2O$ 晶体 0.482 2 g，以 0.01 mol · L^{-1} $HClO_4$ 溶解后，转入 100 mL 容量瓶中，用 $HClO_4$ 溶液稀释至刻度。

5.1.4　实验步骤

(1)溶液的配制

①0.001 0 mol · L^{-1} Fe^{3+} 溶液：用移液管量取 10.00 mL 0.010 0 mol · L^{-1}

$(NH_4)Fe(SO_4)_2$ 溶液于 100 mL 容量瓶中,用 $0.01\ mol \cdot L^{-1}\ HClO_4$ 溶液稀释至刻度,摇匀,备用。

②$0.001\ 0\ mol \cdot L^{-1}$ 磺基水杨酸(H_3R)溶液:用移液管量取 10.00 mL $0.010\ 0\ mol \cdot L^{-1}$ 磺基水杨酸溶液于 100 mL 容量瓶中,用 $0.01\ mol \cdot L^{-1}\ HClO_4$ 溶液稀释至刻度,摇匀,备用。

(2)系列配合物溶液吸光度的测定

①将 11 个 50 mL 容量瓶洗净,依次编号,用移液管按表 5-1-1 分别量取 $0.01\ mol \cdot L^{-1}\ HClO_4$、$0.001\ 0\ mol \cdot L^{-1}\ Fe^{3+}$、$0.001\ 0\ mol \cdot L^{-1}$ 磺基水杨酸溶液,按编号分别注入 50 mL 的容量瓶中,再用去离子水稀释至刻度,摇匀,备用。

②各溶液吸光度测定:选用 1 cm 厚的比色皿,以 1 号溶液为空白,在 500 nm 波长下按编号测定溶液的吸光度。

表 5-1-1　等摩尔连续变化法溶液配制及吸光度测定记录

序号	$V(HClO_4)$/mL	$V(Fe^{3+})$/mL	$V(H_3R)$/mL	H_3R 摩尔分数	吸光度
1	10.0	10.0	0.0		
2	10.0	9.0	1.0		
3	10.0	8.0	2.0		
4	10.0	7.0	3.0		
5	10.0	6.0	4.0		
6	10.0	5.0	5.0		
7	10.0	4.0	6.0		
8	10.0	3.0	7.0		
9	10.0	2.0	8.0		
10	10.0	1.0	9.0		
11	10.0	0.0	10.0		

(3)磺基水杨酸合铁(Ⅲ)配合物的组成及其稳定常数的计算　以 $c_R/(c_M + c_R)$ 为横坐标、吸光度值为纵坐标作图,将曲线两边的直线部分延长,找出最大吸收处,计算配合物组成及在常温下的稳定常数。

5.1.5　思考题

①用等摩尔系列法测定配合物组成时,为什么说溶液中金属离子与配位体的摩尔数之比正好与配离子组成相同时,配离子的浓度为最大?

②本实验为什么用 $HClO_4$ 溶液做空白?为什么选用 500 nm 波长的光源来测

定溶液的吸光度？

③使用分光光度计要注意哪些操作？

④所用的磺基水杨酸和硫酸铁铵的浓度相等是必要的吗？为什么？

⑤实验中若温度有较大的变化，或比色皿的透光面不洁净，将对测定稳定常数有何影响？

⑥等摩尔系列法测定配合物的稳定常数的适用范围是什么？

5.2　由海盐制试剂级的氯化钠

5.2.1　实验目的

①学习由海盐制试剂级氯化钠的方法。

②了解用比浊法进行产品检验的原理和方法。

5.2.2　实验原理

海盐中含有泥沙等不溶性杂质及 SO_4^{2-}、CO_3^{2-}、Ca^{2+}、Mg^{2+}、Fe^{3+}、Ba^{2+}、K^+ 等可溶性杂质，其中不溶性杂质可经过滤除去，可溶性杂质可采用化学法除去，使 NaCl 达到试剂纯度标准。

根据中华人民共和国国家标准 GB/T 1266—2006 规定，试剂级氯化钠为白色无臭结晶粉末，溶于水，几乎不溶于乙醇。

①氯化钠含量：优级纯>99.8%，分析纯>99.5%，化学纯>99.5%；

②水溶液反应：合格；

③杂质：杂质最高含量中 SO_4^{2-} 的标准如表 5-2-1 所示。

表 5-2-1　各等级氯化钠中 SO_4^{2-} 的最高含量　　　　　　　　　　%

规格	优级纯（一级）	分析纯（二级）	化学纯（三级）
SO_4^{2-} 含量	0.001	0.002	0.005

测定中所需要的标准溶液、杂质标准溶液、制剂和制品按上述标准中相关规定进行制备。

比浊法检验 SO_4^{2-} 的含量：称取 1 g（称至 0.01 g）NaCl 产品于小烧杯中，用少量蒸馏水溶解，将其完全转移到 25 mL 比色管中，再加 1 mL 3 mol·L^{-1} 的 HCl 和 3 mL 25% 的 $BaCl_2$ 及 95% 的乙醇，用蒸馏水稀释至刻度，摇匀，放置 5 min，与标准溶液进行比浊（标准溶液实验室已配好，比浊时需要摇匀）。根据溶液浑浊的程度,确定产品纯度等级。

比浊后,计算产品中 SO_4^{2-} 的百分含量范围。

5.2.3　实验要求

设计由海盐制试剂级氯化钠的实验方案,经审核合格后进行实验。需要检验产品纯度,确定产品的等级。

5.2.4　思考题

①海盐中主要含有哪些杂质? 如何用化学方法除去?

②如何知道所加的沉淀剂是否足量?

③在海盐提纯过程中涉及哪些基本操作? 有哪些注意事项?

④在调 pH 的过程中,若加入的 HCl 量过多该怎么办? 为何要调成弱酸性? 碱性可以吗?

⑤在检验产品纯度时,能否用自来水溶解食盐? 为什么?

5.3　离子鉴定和未知物的鉴别

5.3.1　实验目的

①掌握对混合离子和未知物进行鉴定或鉴别的基本思路和基本步骤。

②运用所学的元素及化合物的基本性质,进行常见化合物的鉴别。

③进一步巩固常见的阳离子和阴离子重要反应的基本知识。

④培养综合应用基础知识的能力。

5.3.2　实验原理

在无机化合物当中,金属元素通常以阳离子形式存在,非金属元素通常以阴离子的形式存在。通过离子鉴定,可以判断样品中含有哪种金属元素,哪种非金属元素,非金属元素以哪种形式存在。

离子的鉴定反应必须完全、迅速,操作简便,并且有明显的外观特征,如气体的生成、溶液颜色的改变、沉淀的生成和溶解等。

对于已知混合离子的鉴定,首先需要分离和掩蔽干扰离子,然后再以个别离子的特征反应鉴定待分析的离子。对于未知混合离子的鉴定,则需要通过初步观察和试验,了解试样中离子存在的范围,然后设计科学的分析方案,包括鉴定顺序、预计干扰、干扰的消除、个别鉴定方法等,最终确定溶液中含有哪几种离子。

当一个未知物是固体时,一般根据以下几个方面进行初步判断:

①物态:观察试样在常温下的状态,如颜色、晶型、潮解状态、气味等,以及在水溶液中的颜色;

②溶解性:观察试样是否溶于水,如果不溶于水,要依次用 HCl(稀、浓),HNO_3(稀、浓),王水试验其溶解性;

③酸碱性:可以通过指示剂的反应加以判断,有时根据溶液的酸碱性可以初步排除某些离子存在的可能性;

④热稳定性:观察试样常温下是否稳定,灼热时是否分解,受热时是否挥发、升华等;

⑤阴、阳离子分析:根据对试样的观察和初步试验,再制备阴、阳离子试液,分别进行分析。

⑥判断:根据阴、阳离子的分析,结合试样的初步试验,判断固体试样中有哪些成分。

5.3.3　实验内容

①Cl^-、Br^-、I^-混合液的分离和鉴定。

②一个未知混合试样中可能含有 Al^{3+}、Zn^{2+}、Mn^{2+}、Fe^{3+}、Co^{2+}、Ni^{2+};请拟订实验方案确定哪些离子存在,哪些离子不存在。

③盛有下列 4 种黑色氧化剂的试剂瓶标签已经脱落,请加以鉴别:CuO、Co_2O_3、PbO_2、MnO_2。

5.3.4　实验要求

①要求学生根据实验内容独立拟订分析方案,画出操作流程示意图;选择合适的仪器、药品,确定试剂的浓度及用量。方案经指导老师审查后方可进行实验。

②记录实验现象,写出离子反应方程式以及实验结果。

5.3.5　思考题

①如何区别铝片和锌片?

②有一未知溶液,无色,无臭,呈强碱性,可能存在哪些阳离子? 与这些阳离子共存的阴离子有哪些?

5.4　由废铁屑制备硫酸亚铁铵

5.4.1　实验目的

①掌握用废铁屑制备复盐硫酸亚铁铵的方法，了解复盐的特性。
②掌握水浴、浓缩、减压抽滤等基本操作。

5.4.2　实验原理

本实验以废铁屑为原料，依次制备硫酸亚铁、硫酸亚铁铵。

铁能溶于稀硫酸中生成硫酸亚铁：

$$Fe(s) + 2H^+(aq) = Fe^{2+} + H_2(g)$$

若往硫酸亚铁溶液中加入与 $FeSO_4$ 相等的物质的量的硫酸铵，则生成复盐硫酸亚铁铵。硫酸亚铁铵比较稳定，它的六水合物 $(NH_4)_2SO_4 \cdot FeSO_4 \cdot 6H_2O$ 不易被空气氧化，在定量分析中常用它配制亚铁离子的标准溶液。像所有的复盐那样，硫酸亚铁铵在水中的溶解度比组成它的每一组分 $FeSO_4$ 或 $(NH_4)_2SO_4$ 的溶解度都要小。蒸发浓缩所得溶液，可制得浅绿色的硫酸亚铁铵（六水合物）晶体。

$$Fe^{2+}(aq) + 2NH_4^+(aq) + 2SO_4^{2-}(aq) + 6H_2O(l) = (NH_4)_2SO_4 \cdot FeSO_4 \cdot 6H_2O$$

如果溶液的酸性减弱，则亚铁盐（或铁盐）中 Fe^{2+} 与水作用的程度将会增大。在制备 $(NH_4)_2SO_4 \cdot FeSO_4 \cdot 6H_2O$ 过程中，为了使 Fe^{2+} 不与水作用，溶液需要保持足够的酸度。

5.4.3　实验要求

查阅资料，设计详细的实验方案，包括实验步骤、所用仪器、药品等。方案经教师审查合格后，独立进行实验，撰写并提交实验报告。

5.4.4　思考题

①蒸发浓缩铁与硫酸反应液时，为什么采用水浴加热的方法？
②能否将最后产物直接放在表面皿加热干燥？为什么？
③在制备硫酸亚铁时，为什么要使铁过量？

附 录

附录1 化学实验常用仪器介绍

仪器名称	规格	用途	注意事项
试管	规格以容量（mL）表示	盛放液体、做反应器、用于加热物质等	加热前试管壁要擦干，加热时勿将管口对人，不能骤冷
离心试管	规格以容量（mL）表示	用于分离少量沉淀	可用水浴加热，不能明火直接加热
试管夹	由木料、钢丝或塑料制成	夹持试管用	防止烧损或锈蚀
试管架	木质、铝质和塑料质等，有大小不同、形状各异的多种规格	盛放试管用	
烧杯	玻璃质，规格以容量（mL）表示	用做反应物量较多时的反应容器，也用做配制溶液时的容器，或简便水浴的盛水器	加热时外壁不能有水，要放在石棉网上，先放溶液后加热，加热后不可放在湿物上
量筒	玻璃质，规格以最大容积（mL）表示。上口大、下端小的称为量杯	用于粗略量取一定体积的溶液	不能加热，不能量热的液体，不能用做反应容器

续表

仪器名称	规格	用途	注意事项
锥形瓶	玻璃质,规格以容量(mL)表示	用做反应容器,振荡方便,适用于滴定操作	加热时外壁不能有水,要放在石棉网上加热
药匙	牛角、塑料或铁质	用于取固体(粉末或小颗粒)药品用	用前洗净擦干
酒精灯		用于加热	加热时要用外焰,熄灭时要用盖盖灭,不能吹灭
蒸发皿	瓷质、石英和铂质,规格以容量(mL)表示	用于蒸发溶剂或浓缩溶液	可直接加热,但不能骤冷。蒸发溶液时不可加得太满,液面应距边缘至少1 cm
表面皿	玻璃质,规格以直径表示	盖在烧杯或蒸发皿上,以防液体溅出和灰尘落入	不能用火直接加热
石棉网	由细铁丝编成,中间涂有石棉,有大小之分	放在受热仪器和热源之间,使受热均匀、缓和	用前检查石棉是否完好,不能与水接触
泥三角	编制铁丝上套耐热瓷管,有大小之分	将坩埚或蒸发皿放置其上,直接用火加热	铁丝断了不能再用;灼烧后的泥三角应放在石棉网上
三脚架	铁质,有大小、高低之分	放置较大或较重的加热容器,作为石棉网及仪器的支撑物	要放平稳

续表

仪器名称	规格	用途	注意事项
坩埚	有瓷、石英、铁、镍、铂及玛瑙等质,规格以容积(mL)表示	用于灼烧固体用。随固体性质不同选用不同质地的坩埚	可直接用火加热至高温,加热后的坩埚应放在石棉网上,不能骤冷
坩埚钳	铁质,有大小之分	夹持热的坩埚、蒸发皿等	防止与酸性溶液接触,生锈,轴不灵活
铁架台	铁质	用于固定玻璃仪器	固定仪器时,仪器和铁架台的重心,应在铁架台底座中间
点滴板	瓷质,上面有凹穴,有白色和黑色两种	用于点滴反应,不需分离的显色反应	根据产物颜色的不同选用不同颜色的点滴板
滴瓶	玻璃质,有无色和棕色两种,规格以容积(mL)表示	盛放少量液体药品	不能用火直接加热
广口瓶	分装各种试剂,需要避光保存时用棕色瓶。规格以容积(mL)表示	盛放固体药品	不能直接加热,瓶塞不能互换

续表

仪器名称	规格	用途	注意事项
细口瓶	分装各种试剂,需要避光保存时用棕色瓶。规格以容积(mL)表示	盛放液体药品	不能直接加热,瓶塞不能互换,盛放碱液时要用橡胶塞
干燥器	玻璃质,规格以外径大小表示,分普通和真空干燥器	保持烘干及灼烧后的物质的干燥;干燥制备的样品	底部放干燥剂,灼烧后样品待稍冷却后放入
滴管　玻璃棒	滴管由玻璃尖管和胶皮帽组成	滴管用于吸取少量溶液用,玻璃棒用于搅拌	胶皮帽老化后应及时更换
漏斗	一般为玻璃质,规格以口径大小表示,有长颈和短颈之分	用于过滤等操作	不能直接加热,根据沉淀量选择漏斗大小
分液漏斗	规格以容量(mL)表示,球形为长颈,锥形为短颈	分开两相液体,用于萃取分离和富集	磨口必须原配,活塞要涂凡士林,长期不用时磨口处垫一张纸
吸滤瓶　布氏漏斗	布氏漏斗为瓷质,规格以容量(mL)和口径大小表示。吸滤瓶为玻璃质,规格以容量(mL)表示	二者配套使用,用于沉淀的减压过滤	滤纸要略小于漏斗的内径才能贴紧

续表

仪器名称	规格	用途	注意事项
称量瓶	玻璃质,规格以容量(mL),或瓶高(mm)表示	用于准确称量一定质量的样品	称量时不能直接用手拿取,应戴指套或垫结晶纸条拿取
容量瓶	玻璃质,有无色和棕色之分,规格以容量(mL)表示	配制准确体积的标准溶液或待测溶液	不能直接加热,应保持磨口原配
刻度吸量管　移液管	玻璃质,规格以容量(mL)表示	用于准确移取一定体积的溶液	不能加热
酸式滴定管　碱式滴定管	规格以容量(mL)表示,分酸式和碱式两种,有无色和棕色之分	容量分析滴定操作	不能加热或量取热的液体,使用前应检漏,并排出其尖端气泡。酸式和碱式管不能互换使用

附录 2　不同温度下水的饱和蒸气压

温度/K	饱和蒸汽压/Pa	温度/K	饱和蒸汽压/Pa	温度/K	饱和蒸汽压/Pa	温度/K	饱和蒸汽压/Pa
273.2	610.5	290.2	1 937.2	298.2	3 167.2	306.2	5 030.1
273.7	633.3	290.4	1 961.8	298.4	3 204.9	306.4	5 086.9
274.2	656.7	290.6	1 986.9	298.6	3 243.2	306.6	5 144.1
274.7	680.9	290.8	2 012.1	298.8	3 282.0	306.8	5 202.0
275.2	705.8	291.0	2 037.7	299.0	3 321.3	307.0	5 260.5
275.7	731.4	291.2	2 063.4	299.2	3 360.9	307.2	5 319.3
276.2	757.9	291.4	2 089.6	299.4	3 400.9	307.4	5 378.8
276.7	785.1	291.6	2 116.0	299.6	3 441.3	307.6	5 439.0
277.2	813.4	291.8	2 142.6	299.8	3 482.0	307.8	5 499.7
277.7	842.3	292.0	2 169.4	300.0	3 523.2	308.0	5 560.9
278.2	872.3	292.2	2 196.8	300.2	3 564.9	308.2	5 622.9
278.7	903.3	292.4	2 224.5	300.4	3 607.0	308.4	5 685.4
279.2	935.0	292.6	2 252.3	300.6	3 649.6	308.6	5 748.5
279.7	967.8	292.8	2 280.5	300.8	3 692.5	308.8	5 812.2
280.2	1 002.0	293.0	2 309.0	301.0	3 735.8	309.0	5 876.6
280.7	1 037.0	293.2	2 337.8	301.2	3 779.6	309.2	5 941.2
281.2	1 073.0	293.4	2 366.9	301.4	3 823.7	309.4	6 006.7
281.7	1 110.0	293.6	2 396.3	301.6	3 868.3	309.6	6 072.7
282.2	1 148.0	293.8	2 426.1	301.8	3 913.5	309.8	6 139.5
282.7	1 187.0	294.0	2 456.1	302.0	3 959.3	310.0	6 207.0
283.2	1 228.0	294.2	2 486.5	302.2	4 005.4	310.2	6 275.1
283.7	1 269.0	294.4	2 517.1	302.4	4 051.9	310.4	6 343.7
284.2	1 312.0	294.6	2 548.2	302.6	4 099.0	310.6	6 413.1
284.7	1 356.7	294.8	2 579.7	302.8	4 146.6	310.8	6 483.1
285.2	1 402.3	295.0	2 611.4	303.0	4 194.5	311.0	6 553.7
285.7	1 449.2	295.2	2 643.4	303.2	4 242.9	311.2	6 625.1
286.2	1 497.3	295.4	2 675.8	303.4	4 291.8	311.4	6 696.9
286.7	1 547.1	295.6	2 708.6	303.6	4 341.1	311.6	6 769.3
287.2	1 598.1	295.8	2 741.8	303.8	4 390.8	311.8	6 842.5
287.7	1 650.8	296.0	2 775.1	304.0	4 441.2	312.0	6 919.6
288.2	1 704.9	296.2	2 808.8	304.2	4 492.3	312.2	6 991.7
288.4	1 726.9	296.4	2 843.0	304.4	4 543.9	312.4	7 067.3
288.6	1 749.3	296.6	2 877.5	304.6	4 595.8	312.6	7 276.7
288.8	1 771.9	296.8	2 912.4	304.8	4 648.2	312.8	7 220.2
289.0	1 794.7	297.0	2 947.8	305.0	4 701.1	313.0	7 297.7
289.2	1 817.7	297.2	2 984.7	305.2	4 754.7	313.2	7 375.9
289.4	1 841.0	297.4	3 019.5	305.4	4 808.7		
289.6	1 864.8	297.6	3 056.0	305.6	4 863.2		
289.8	1 888.6	297.8	3 092.8	305.8	4 918.4		
290.0	1 912.8	298.0	3 129.9	306.0	4 974.0		

摘自:J A Dean. Lange's Handbook of Chemistry, 16th Edition,2004.

温度(K)由 273.2＋t℃得到,饱和蒸汽压由 1 mmHg＝1.333 224×10^2 Pa 换算而得。

附录 3 常用酸、碱的浓度

名称	化学式	质量分数/%	密度 /(g·mL^{-1})(20℃)	物质的量浓度 /(mol·L^{-1})
浓盐酸	HCl	36.0~38.0	1.18~1.19	11.6~12.4
稀盐酸		7	1.03	2
浓硝酸	HNO$_3$	65.0~68.0	1.39~1.40	14.4~15.2
稀硝酸		12	1.07	2
冰醋酸	CH$_3$COOH	99	1.05	17.4
稀醋酸		12	1.02	2
浓硫酸	H$_2$SO$_4$	95~98	1.83~1.84	17.8~18.4
稀硫酸		9	1.06	1
磷酸	H$_3$PO$_4$	85	1.69	14.6
高氯酸	HClO$_4$	70.0~72.0	1.68	11.7~12.0
氢氟酸	HF	40	1.13	22.5
氢溴酸	HBr	47.0	1.49	8.6
氢碘酸	HI	57	1.70	7.5
浓氨水	NH$_3$·H$_2$O	25~28(NH$_3$)	0.88~0.90	13.3~14.8
稀氨水		4	0.98	2
浓氢氧化钠溶液	NaOH	40	1.43	14
稀氢氧化钠溶液		8	1.09	2

附录4　弱电解质的电离常数(18~25℃)

弱电解质	温度/℃	电离常数	弱电解质	温度/℃	电离常数
H_3AsO_4	25	$K_{a1}^{\ominus} = 5.5 \times 10^{-3}$	H_2S	25	$K_{a1}^{\ominus} = 1.1 \times 10^{-7}$
	25	$K_{a2}^{\ominus} = 1.7 \times 10^{-7}$		25	$K_{a2}^{\ominus} = 1.3 \times 10^{-13}$
	25	$K_{a3}^{\ominus} = 5.1 \times 10^{-12}$	HSO_4^{-}	25	1.0×10^{-2}
H_3BO_3	20	5.4×10^{-10}	H_2SO_3	25	$K_{a1}^{\ominus} = 1.4 \times 10^{-2}$
HBO	25	2.8×10^{-9}		25	$K_{a2}^{\ominus} = 6 \times 10^{-8}$
H_2CO_3	25	$K_{a1}^{\ominus} = 4.5 \times 10^{-7}$	H_2SiO_3	30	$K_{a1}^{\ominus} = 1 \times 10^{-10}$
	25	$K_{a2}^{\ominus} = 4.7 \times 10^{-11}$		30	$K_{a2}^{\ominus} = 2 \times 10^{-12}$
$H_2C_2O_4$	25	$K_{a1}^{\ominus} = 5.6 \times 10^{-2}$	$HCOOH$	25	1.8×10^{-4}
	25	$K_{a2}^{\ominus} = 1.5 \times 10^{-4}$	CH_3COOH	25	1.75×10^{-5}
HCN	25	6.2×10^{-10}	$CH_2ClCOOH$	25	1.3×10^{-3}
$HClO$	25	4.0×10^{-8}	$CHCl_2COOH$	25	4.5×10^{-2}
H_2CrO_4	25	$K_{a1}^{\ominus} = 1.8 \times 10^{-1}$	$NH_3 \cdot H_2O$	25	1.8×10^{-5}
	25	$K_{a2}^{\ominus} = 3.2 \times 10^{-7}$	NH_2OH	20	1.1×10^{-8}
HF	25	6.3×10^{-4}	$AgOH$	25	1.1×10^{-4}
HIO_3	25	1.7×10^{-1}	$Ca(OH)_2$	25	3.7×10^{-3}
HIO	25	3.2×10^{-11}	$Pb(OH)_2$	25	9.6×10^{-4}
HNO_2	25	5.6×10^{-4}	$Zn(OH)_2$	25	9.6×10^{-4}
NH_4^{+}	25	5.6×10^{-10}			
H_2O_2	25	2.4×10^{-12}			
H_3PO_4	25	$K_{a1}^{\ominus} = 6.9 \times 10^{-3}$			
	25	$K_{a2}^{\ominus} = 6.2 \times 10^{-8}$			
	25	$K_{a3}^{\ominus} = 4.8 \times 10^{-13}$			

附录 5　难溶强电解质的溶度积常数 $K_{sp}^{\ominus}$（18~25℃）

化学式	$K_{sp}^{\ominus}$	化学式	$K_{sp}^{\ominus}$	化学式	$K_{sp}^{\ominus}$
$Al(OH)_3$	1.3×10^{-33}	$Cu(OH)_2$	2.2×10^{-20}	HgS	2×10^{-53}
$Al_2(PO_4)_3$	6.3×10^{-19}	CuS	6×10^{-37}	$NiCO_3$	6.6×10^{-9}
$Ba_3(PO_4)_2$	5.1×10^{-9}	$FeCO_3$	3.2×10^{-11}	$Ni(OH)_2$	2.0×10^{-15}
$BaCrO_4$	1.2×10^{-10}	$Fe(OH)_2$	8.0×10^{-16}	ScF_3	4.2×10^{-18}
BaF_2	1.0×10^{-6}	FeS	6×10^{-19}	$Sc(OH)_3$	8.0×10^{-31}
$Ba(OH)_2$	5×10^{-3}	$FeAsO_4$	5.7×10^{-21}	Ag_3AsO_4	1.0×10^{-22}
$BaSO_4$	1.1×10^{-10}	$Fe_4[Fe(CN_6)]_3$	3.3×10^{-41}	AgN_3	2.8×10^{-9}
$BaSO_3$	8×10^{-7}	$Fe(OH)_3$	4×10^{-38}	$AgBr$	5.0×10^{-13}
BaS_2O_3	1.6×10^{-5}	$FePO_4$	1.3×10^{-22}	Ag_2CO_3	8.5×10^{-12}
$BiOCl$	1.8×10^{-31}	$Pb_3(AsO_4)_2$	4.0×10^{-36}	$AgCl$	1.8×10^{-10}
$BiOOH$	4×10^{-10}	$Pb(N_3)_2$	2.5×10^{-9}	Ag_2CrO_4	1.1×10^{-12}
$CdCO_3$	5.2×10^{-12}	$PbBr_2$	4.0×10^{-5}	$AgCN$	1.2×10^{-16}
$Cd(OH)_2$	2.5×10^{-14}	$PbCO_3$	7.4×10^{-14}	$AgIO_3$	3.0×10^{-8}
CdS	8×10^{-28}	$PbCl_2$	1.6×10^{-5}	AgI	8.5×10^{-17}
$CaCO_3$	2.8×10^{-9}	$PbCrO_4$	2.8×10^{-13}	$AgNO_2$	6.0×10^{-4}
$CaCrO_4$	7.1×10^{-4}	PbF_2	2.7×10^{-8}	Ag_2SO_4	1.4×10^{-5}
CaF_2	5.3×10^{-9}	$Pb(OH)_2$	1.2×10^{-15}	Ag_2S	6×10^{-51}
$Ca(OH)_2$	5.5×10^{-6}	PbI_2	7.1×10^{-9}	Ag_2SO_3	1.5×10^{-14}
$CaHPO_4$	1×10^{-7}	$PbSO_4$	1.6×10^{-8}	$AgSCN$	1.0×10^{-12}
CaC_2O_4	4×10^{-9}	PbS	3×10^{-28}	$SrCO_3$	1.1×10^{-10}
$Ca_3(PO_4)_2$	2.0×10^{-29}	Li_2CO_3	2.5×10^{-2}	$SrCrO_4$	2.2×10^{-5}
$CaSO_4$	9.1×10^{-6}	LiF	3.8×10^{-3}	SrF_2	2.5×10^{-9}
$CaSO_3$	6.8×10^{-8}	Li_3PO_4	3.2×10^{-9}	$SrSO_4$	3.2×10^{-7}
$Cr(OH)_2$	2×10^{-16}	$MgNH_4PO_4$	2.5×10^{-13}	$TlBr$	3.4×10^{-6}
$Cr(OH)_3$	6.3×10^{-31}	$MgCO_3$	3.5×10^{-8}	$TlCl$	1.7×10^{-4}
$CoCO_3$	1.4×10^{-13}	MgF_2	3.7×10^{-8}	TlI	6.5×10^{-8}
$Co(OH)_2$	1.6×10^{-15}	$Mg(OH)_2$	1.8×10^{-11}	$Tl(OH)_3$	6.3×10^{-46}
$Co(OH)_3$	1.6×10^{-44}	$Mg_3(PO_4)_2$	1×10^{-25}	$Sn(OH)_2$	1.4×10^{-28}
$CuCl$	1.2×10^{-6}	$MnCO_3$	1.8×10^{-11}	SnS	1×10^{-26}
$CuCN$	3.2×10^{-20}	$Mn(OH)_2$	1.9×10^{-13}	$ZnCO_3$	1.4×10^{-11}
CuI	1.1×10^{-12}	MnS	3×10^{-14}	$Zn(OH)_2$	1.2×10^{-17}
$Cu_3(AsO_4)_2$	7.6×10^{-36}	Hg_2Br_2	5.6×10^{-23}	ZnC_2O_4	2.7×10^{-8}
$CuCO_3$	1.4×10^{-10}	Hg_2Cl_2	1.3×10^{-18}	$Zn_3(PO_4)_2$	9.0×10^{-33}
$CuCrO_4$	3.6×10^{-6}	Hg_2I_2	4.5×10^{-29}	ZnS	2×10^{-25}
$Cu_2[Fe(CN)_6]$	1.3×10^{-16}				

摘自：Ralph H. Petrucci, F. Geoffrey Herring, Jeffry D. Madura, Carey Bissonnette. General Chemistry: Principles and Mordern Applications, 10th Edition, Pearson Canada Inc., Toronto, Ontario, 2011。

附录 6 标准电极电势(18~25℃)
($\varphi^{\ominus}$值由小到大排列)

在酸性溶液中

电 对	电极反应 氧化态$+ne^-=$还原态	$\varphi^{\ominus}/V$
Li(Ⅰ)-(0)	$Li^+ + e^- = Li$	-3.040
K(Ⅰ)-(0)	$K^+ + e^- = K$	-2.931
Ba(Ⅱ)-(0)	$Ba^{2+} + 2e^- = Ba$	-2.912
Ca(Ⅱ)-(0)	$Ca^{2+} + 2e^- = Ca$	-2.868
Na(Ⅰ)-(0)	$Na^+ + e^- = Na$	-2.71
Mg(Ⅱ)-(0)	$Mg^{2+} + 2e^- = Mg$	-2.372
H(0)-(-Ⅰ)	$H_2(g) + 2e^- = 2H^-$	-2.23
Al(Ⅲ)-(0)	$Al^{3+} + 3e^- = Al$	-1.662
Ti(Ⅱ)-(0)	$Ti^{2+} + 2e^- = Ti$	-1.630
Mn(Ⅱ)-(0)	$Mn^{2+} + 2e^- = Mn$	-1.185
Cr(Ⅱ)-(0)	$Cr^{2+} + 2e^- = Cr$	-0.913
Ti(Ⅲ)-(Ⅱ)	$Ti^{3+} + e^- = Ti^{2+}$	-0.9
B(Ⅲ)-(0)	$H_3BO_3 + 3H^+ + 3e^- = B + 3H_2O$	-0.870
Zn(Ⅱ)-(0)	$Zn^{2+} + 2e^- = Zn$	-0.762
Cr(Ⅲ)-(0)	$Cr^{3+} + 3e^- = Cr$	-0.744
Ga(Ⅲ)-(0)	$Ga^{3+} + 3e^- = Ga$	-0.549
Fe(Ⅱ)-(0)	$Fe^{2+} + 2e^- = Fe$	-0.447
Cr(Ⅲ)-(Ⅱ)	$Cr^{3+} + e^- = Cr^{2+}$	-0.407
Cd(Ⅱ)-(0)	$Cd^{2+} + 2e^- = Cd$	-0.403
Pb(Ⅱ)-(0)	$PbI_2 + 2e^- = Pb + 2I^-$	-0.365
Pb(Ⅱ)-(0)	$PbSO_4 + 2e^- = Pb + SO_4^{2-}$	-0.359
Co(Ⅱ)-(0)	$Co^{2+} + 2e^- = Co$	-0.28
P(Ⅴ)-(Ⅲ)	$H_3PO_4 + 2H^+ + 2e^- = H_3PO_3 + H_2O$	-0.276
Pb(Ⅱ)-(0)	$PbCl_2 + 2e^- = Pb + 2Cl^-$	-0.268
Ni(Ⅱ)-(0)	$Ni^{2+} + 2e^- = Ni$	-0.257

续表

电　对	电极反应 氧化态 $+ne^-=$ 还原态	$\varphi^\ominus/\mathrm{V}$
Sn(Ⅱ)−(0)	$Sn^{2+}+2e^-=Sn$	-0.138
Pb(Ⅱ)−(0)	$Pb^{2+}+2e^-=Pb$	-0.126
P(0)−(−Ⅲ)	$P(white)+3H^++3e^-=PH_3(g)$	-0.063
Fe(Ⅲ)−(0)	$Fe^{3+}+3e^-=Fe$	-0.037
H(Ⅰ)−(0)	$2H^++2e^-=H_2$	0.0000
S(Ⅱ.Ⅴ)−(Ⅱ)	$S_4O_6^{2-}+2e^-=2S_2O_3^{2-}$	$+0.08$
S(0)−(−Ⅱ)	$S+2H^++2e^-=H_2S(aq)$	$+0.142$
Sn(Ⅳ)−(Ⅱ)	$Sn^{4+}+2e^-=Sn^{2+}$	$+0.151$
Cu(Ⅱ)−(Ⅰ)	$Cu^{2+}+e^-=Cu^+$	$+0.153$
S(Ⅵ)−(Ⅳ)	$SO_4^{2-}+4H^++2e^-=H_2SO_3+H_2O$	$+0.172$
Cu(Ⅱ)−(0)	$Cu^{2+}+2e^-=Cu$	$+0.342$
S(Ⅳ)−(0)	$H_2SO_3+4H^++4e^-=S+3H_2O$	$+0.449$
Cu(Ⅰ)−(0)	$Cu^++e^-=Cu$	$+0.521$
I(0)−(−Ⅰ)	$I_2+2e^-=2I^-$	$+0.536$
I(0)−(−Ⅰ)	$I_3^-+2e^-=3I^-$	$+0.536$
Hg(Ⅱ)−(Ⅰ)	$2HgCl_2+2e^-=Hg_2Cl_2+2Cl^-$	$+0.63$
O(0)−(−Ⅰ)	$O_2+2H^++2e^-=H_2O_2$	$+0.695$
Fe(Ⅲ)−(Ⅱ)	$Fe^{3+}+e^-=Fe^{2+}$	$+0.771$
Hg(Ⅰ)−(0)	$Hg_2^{2+}+2e^-=2Hg$	$+0.797$
Ag(Ⅰ)−(0)	$Ag^++e^-=Ag$	$+0.800$
Hg(Ⅱ)−(0)	$Hg^{2+}+2e^-=Hg$	$+0.851$
Cu(Ⅱ)−(Ⅰ)	$Cu^{2+}+I^-+e^-=CuI$	$+0.86$
Hg(Ⅱ)−(Ⅰ)	$2Hg^{2+}+2e^-=Hg_2^{2+}$	$+0.920$
N(Ⅴ)−(Ⅲ)	$NO_3^-+3H^++2e^-=HNO_2+H_2O$	$+0.934$
Pd(Ⅱ)−(0)	$Pd^{2+}+2e^-=Pd$	$+0.951$
N(Ⅴ)−(Ⅱ)	$NO_3^-+4H^++3e^-=NO+2H_2O$	$+0.957$
N(Ⅲ)−(Ⅱ)	$HNO_2+H^++e^-=NO+H_2O$	$+0.983$
I(Ⅰ)−(−Ⅰ)	$HIO+H^++2e^-=I^-+H_2O$	$+0.987$
N(Ⅳ)−(Ⅱ)	$N_2O_4+4H^++4e^-=2NO+2H_2O$	$+1.035$
N(Ⅳ)−(Ⅲ)	$N_2O_4+2H^++2e^-=2HNO_2$	$+1.065$

续表

电　对	电极反应 氧化态＋ne^-＝还原态	$\varphi^{\ominus}/V$
$I(V)-(-I)$	$IO_3^-+6H^++6e^-=I^-+3H_2O$	$+1.085$
$Br(0)-(-I)$	$Br_2(aq)+2e^-=2Br^-$	$+1.087$
$Cl(V)-(Ⅳ)$	$ClO_3^-+2H^++e^-=ClO_2+H_2O$	$+1.152$
$Cl(Ⅶ)-(V)$	$ClO_4^-+2H^++2e^-=ClO_3^-+H_2O$	$+1.189$
$I(V)-(0)$	$2IO_3^-+12H^++10e^-=I_2+6H_2O$	$+1.195$
$Cl(V)-(Ⅲ)$	$ClO_3^-+3H^++2e^-=HClO_2+H_2O$	$+1.214$
$Mn(Ⅳ)-(Ⅱ)$	$MnO_2+4H^++2e^-=Mn^{2+}+2H_2O$	$+1.224$
$O(0)-(-Ⅱ)$	$O_2+4H^++4e^-=2H_2O$	$+1.229$
$Cl(Ⅳ)-(Ⅲ)$	$ClO_2+H^++e^-=HClO_2$	$+1.277$
$N(Ⅲ)-(I)$	$2HNO_2+4H^++4e^-=N_2O+3H_2O$	$+1.297$
$Cr(Ⅵ)-(Ⅲ)$	$Cr_2O_7^{2-}+14H^++6e^-=2Cr^{3+}+7H_2O$	$+1.33$
$Br(I)-(-I)$	$HBrO+H^++2e^-=Br^-+H_2O$	$+1.331$
$Cr(Ⅵ)-(Ⅲ)$	$HCrO_4^-+7H^++3e^-=Cr^{3+}+4H_2O$	$+1.350$
$Cl(0)-(-I)$	$Cl_2(g)+2e^-=2Cl^-$	$+1.358$
$Cl(Ⅶ)-(-I)$	$ClO_4^-+8H^++8e^-=Cl^-+4H_2O$	$+1.389$
$Cl(Ⅶ)-(0)$	$ClO_4^-+8H^++7e^-=\frac{1}{2}Cl_2+4H_2O$	$+1.39$
$Au(Ⅲ)-(I)$	$Au^{3+}+2e^-=Au^+$	$+1.401$
$Br(V)-(-I)$	$BrO_3^-+6H^++6e^-=Br^-+3H_2O$	$+1.423$
$I(I)-(0)$	$2HIO+2H^++2e^-=I_2+2H_2O$	$+1.439$
$Cl(V)-(-I)$	$ClO_3^-+6H^++6e^-=Cl^-+3H_2O$	$+1.451$
$Cl(V)-(0)$	$ClO_3^-+6H^++5e^-=\frac{1}{2}Cl_2+3H_2O$	$+1.47$
$Cl(I)-(-I)$	$HClO+H^++2e^-=Cl^-+H_2O$	$+1.482$
$Br(V)-(0)$	$BrO_3^-+6H^++5e^-=\frac{1}{2}Br_2+3H_2O$	$+1.482$
$Au(Ⅲ)-(0)$	$Au^{3+}+3e^-=Au$	$+1.498$
$Mn(Ⅶ)-(Ⅱ)$	$MnO_4^-+8H^++5e^-=Mn^{2+}+4H_2O$	$+1.507$
$Mn(Ⅲ)-(Ⅱ)$	$Mn^{3+}+e^-=Mn^{2+}$	$+1.542$
$Cl(Ⅲ)-(-I)$	$HClO_2+3H^++4e^-=Cl^-+2H_2O$	$+1.570$
$Br(I)-(0)$	$HBrO+H^++e^-=\frac{1}{2}Br_2(aq)+H_2O$	$+1.574$
$N(Ⅱ)-(I)$	$2NO+2H^++2e^-=N_2O+H_2O$	$+1.591$

续表

电　对	电极反应 氧化态$+ne^-=$还原态	$\varphi^{\ominus}/V$
I(Ⅶ)-(Ⅴ)	$H_5IO_6+H^++2e^-=IO_3^-+3H_2O$	$+1.601$
Cl(Ⅰ)-(0)	$HClO+H^++e^-=\frac{1}{2}Cl_2+H_2O$	$+1.611$
Cl(Ⅲ)-(Ⅰ)	$HClO_2+2H^++2e^-=HClO+H_2O$	$+1.645$
Mn(Ⅶ)-(Ⅳ)	$MnO_4^-+4H^++3e^-=MnO_2+2H_2O$	$+1.679$
Pb(Ⅵ)-(Ⅱ)	$PbO_2+SO_4^{2-}+4H^++2e^-=PbSO_4+2H_2O$	$+1.691$
Au(Ⅰ)-(0)	$Au^++e^-=Au$	$+1.692$
O(-Ⅰ)-(-Ⅱ)	$H_2O_2+2H^++2e^-=2H_2O$	$+1.776$
Co(Ⅲ)-(Ⅱ)	$Co^{3+}+e^-=Co^{2+}(2\ mol\cdot L^{-1}H_2SO_4)$	$+1.83$
Ag(Ⅱ)-(Ⅰ)	$Ag^{2+}+e^-=Ag^+$	$+1.980$
S(Ⅶ)-(Ⅵ)	$S_2O_8^{2-}+2e^-=2SO_4^{2-}$	$+2.010$
O(0)-(-Ⅱ)	$O(g)+2H^++2e^-=H_2O$	$+2.421$
F(0)-(-Ⅰ)	$F_2+2e^-=2F^-$	$+2.866$

在碱性溶液中

电　对	电极反应 氧化态$+ne^-=$还原态	$\varphi^{\ominus}/V$
Ca(Ⅱ)-(0)	$Ca(OH)_2+2e^-=Ca+2OH^-$	-3.02
Ba(Ⅱ)-(0)	$Ba(OH)_2+2e^-=Ba+2OH^-$	-2.99
Mg(Ⅱ)-(0)	$Mg(OH)_2+2e^-=Mg+2OH^-$	-2.690
Al(Ⅲ)-(0)	$H_2AlO_3^-+H_2O+3e^-=Al+OH^-$	-2.33
P(Ⅰ)-(0)	$H_2PO_2^-+e^-=P+2OH^-$	-1.82
B(Ⅲ)-(0)	$H_2BO_3^-+H_2O+3e^-=B+4OH^-$	-1.79
P(Ⅲ)-(0)	$HPO_3^{2-}+2H_2O+3e^-=P+5OH^-$	-1.71
Si(Ⅳ)-(0)	$SiO_3^{2-}+3H_2O+4e^-=Si+6OH^-$	-1.697
P(Ⅲ)-(Ⅰ)	$HPO_3^{2-}+2H_2O+2e^-=H_2PO_2^-+3OH^-$	-1.65
Mn(Ⅱ)-(0)	$Mn(OH)_2+2e^-=Mn+2OH^-$	-1.56
Cr(Ⅲ)-(0)	$Cr(OH)_3+3e^-=Cr+3OH^-$	-1.48
Zn(Ⅱ)-(0)	$Zn(OH)_2+2e^-=Zn+2OH^-$	-1.249
Zn(Ⅱ)-(0)	$ZnO_2^{2-}+2H_2O+2e^-=Zn+4OH^-$	-1.215
Cr(Ⅲ)-(0)	$CrO_2^-+2H_2O+3e^-=Cr+4OH^-$	-1.2
P(Ⅴ)-(Ⅲ)	$PO_4^{3-}+2H_2O+2e^-=HPO_3^{2-}+3OH^-$	-1.05

续表

电　对	电极反应 氧化态$+ne^-=$还原态	$\varphi^{\ominus}/V$
Zn(Ⅱ)—(0)	$[Zn(NH_3)_4]^{2+}+2e^-=Zn+4NH_3$	-1.04
Sn(Ⅳ)—(Ⅱ)	$[Sn(OH)_6]^{2-}+2e^-=HSnO_2^-+H_2O+3OH^-$	-0.93
S(Ⅵ)—(Ⅳ)	$SO_4^{2-}+H_2O+2e^-=SO_3^{2-}+2OH^-$	-0.93
Sn(Ⅱ)—(0)	$HSnO_2^-+H_2O+2e^-=Sn+3OH^-$	-0.909
N(Ⅴ)—(Ⅳ)	$2NO_3^-+2H_2O+2e^-=N_2O_4+4OH^-$	-0.85
H(Ⅰ)—(0)	$2H_2O+2e^-=H_2+2OH^-$	-0.828
Co(Ⅱ)—(0)	$Co(OH)_2+2e^-=Co+2OH^-$	-0.73
Ni(Ⅱ)—(0)	$Ni(OH)_2+2e^-=Ni+2OH^-$	-0.72
As(Ⅴ)—(Ⅲ)	$AsO_4^{3-}+2H_2O+2e^-=AsO_{2-}+4OH^-$	-0.71
Ag(Ⅰ)—(0)	$Ag_2S+2e^-=2Ag+S^{2-}$	-0.691
As(Ⅲ)—(0)	$AsO_2^-+2H_2O+3e^-=As+4OH^-$	-0.68
Sb(Ⅲ)—(0)	$SbO_2^-+2H_2O+3e^-=Sb+4OH^-$	-0.66
Sb(Ⅴ)—(Ⅲ)	$SbO_3^-+H_2O+2e^-=SbO_2^-+2OH^-$	-0.59
S(Ⅳ)—(Ⅱ)	$2SO_3^{2-}+3H_2O+4e^-=S_2O_3^{2-}+6OH^-$	-0.58
Fe(Ⅲ)—(Ⅱ)	$Fe(OH)_3+e^-=Fe(OH)_2+OH^-$	-0.56
S(0)—(−Ⅱ)	$S+2e^-=S^{2-}$	-0.476
N(Ⅲ)—(Ⅱ)	$NO_2^-+H_2O+e^-=NO+2OH^-$	-0.46
Co(Ⅱ)—C(0)	$[Co(NH_3)_6]^{2+}+2e^-=Co+6NH_3$	-0.422
Cu(Ⅰ)—(0)	$Cu_2O+H_2O+2e^-=2Cu+2OH^-$	-0.360
Ag(Ⅰ)—(0)	$[Ag(CN)_2]^-+e^-=Ag+2CN^-$	-0.31
Cu(Ⅱ)—(0)	$Cu(OH)_2+2e^-=Cu+2OH^-$	-0.222
Cr(Ⅵ)—(Ⅲ)	$CrO_4^{2-}+4H_2O+3e^-=Cr(OH)_3+5OH^-$	-0.13
Cu(Ⅰ)—(0)	$[Cu(NH_3)_2]^++e^-=Cu+2NH_3$	-0.12
O(0)—(−Ⅰ)	$O_2+H_2O+2e^-=HO_2^-+OH^-$	-0.076
Ag(Ⅰ)—(0)	$AgCN+e^-=Ag+CN^-$	-0.017
N(Ⅴ)—(Ⅲ)	$NO_3^-+H_2O+2e^-=NO_2^-+2OH^-$	$+0.01$
S(Ⅱ,Ⅴ)—(Ⅱ)	$S_4O_6^{2-}+2e^-=2S_2O_3^{2-}$	$+0.08$
Hg(Ⅱ)—(0)	$HgO+H_2O+2e^-=Hg+2OH^-$	$+0.098$
Co(Ⅲ)—(Ⅱ)	$[Co(NH_3)_6]^{3+}+e^-=[Co(NH_3)_6]^{2+}$	$+0.108$
Co(Ⅲ)—(Ⅱ)	$Co(OH)_3+e^-=Co(OH)_2+OH^-$	$+0.17$

续表

电　对	电极反应 氧化态$+n$e$^-$=还原态	$\varphi^{\ominus}$/V
Pb(IV)$-$(II)	$PbO_2+H_2O+2e^-=PbO+2OH^-$	$+0.247$
I(V)$-$($-$I)	$IO_3^-+3H_2O+6e^-=I^-+6OH^-$	$+0.26$
Cl(V)$-$(III)	$ClO_3^-+H_2O+2e^-=ClO_2^-+2OH^-$	$+0.33$
Ag(I)$-$(0)	$Ag_2O+H_2O+2e^-=2Ag+2OH^-$	$+0.342$
Fe(III)$-$(II)	$[Fe(CN)_6]^{3-}+e^-=[Fe(CN)_6]^{4-}$	$+0.358$
Cl(VII)$-$(V)	$ClO_4^-+H_2O+2e^-=ClO_3^-+2OH^-$	$+0.36$
Ag(I)$-$(0)	$[Ag(NH_3)_2]^++e^-=Ag+2NH_3$	$+0.373$
O(0)$-$($-$II)	$O_2+2H_2O+4e^-=4OH^-$	$+0.401$
I(I)$-$($-$I)	$IO^-+H_2O+2e^-=I^-+2OH^-$	$+0.485$
Mn(VII)$-$(VI)	$MnO_4^-+e^-=MnO_4^{2-}$	$+0.558$
Mn(VII)$-$(IV)	$MnO_4^-+2H_2O+3e^-=MnO_2+4OH^-$	$+0.595$
Mn(VI)$-$(IV)	$MnO_4^{2-}+2H_2O+2e^-=MnO_2+4OH^-$	$+0.60$
Ag(II)$-$(I)	$2AgO+H_2O+2e^-=Ag_2O+2OH^-$	$+0.607$
Br(V)$-$($-$I)	$BrO_3^-+3H_2O+6e^-=Br^-+6OH^-$	$+0.61$
Cl(V)$-$($-$I)	$ClO_3^-+3H_2O+6e^-=Cl^-+6OH^-$	$+0.62$
Cl(III)$-$(I)	$ClO_2^-+H_2O+2e^-=ClO^-+2OH^-$	$+0.66$
Cl(III)$-$($-$I)	$ClO_2^-+2H_2O+4e^-=Cl^-+4OH^-$	$+0.76$
Br(I)$-$($-$I)	$BrO^-+H_2O+2e^-=Br^-+2OH^-$	$+0.761$
Cl(I)$-$($-$I)	$ClO^-+H_2O+2e^-=Cl^-+2OH^-$	$+0.841$
O(0)$-$($-$II)	$O_3+H_2O+2e^-=O_2+2OH^-$	$+1.24$

附录 7　常见配离子的稳定常数（18～25℃）

配离子	$K_f^{\ominus}$	$\lg K_f^{\ominus}$	配离子	$K_f^{\ominus}$	$\lg K_f^{\ominus}$
$[NaY]^{3-}$	5.0×10^{1}	1.69	$[NiY]^{-}$	4.1×10^{18}	18.61
$[AgY]^{3-}$	2.0×10^{7}	7.30	$[FeY]^{-}$	1.2×10^{25}	25.07
$[CuY]^{2-}$	6.8×10^{18}	18.79	$[CoY]^{-}$	1.0×10^{36}	36.00
$[MgY]^{2-}$	4.9×10^{8}	8.69	$[GaY]^{-}$	1.8×10^{20}	20.25
$[CaY]^{2-}$	3.7×10^{10}	10.56	$[InY]^{-}$	8.9×10^{24}	24.94
$[SrY]^{2-}$	4.2×10^{8}	8.62	$[TlY]^{-}$	3.2×10^{22}	22.51
$[BaY]^{2-}$	6.0×10^{7}	7.77	$[TlHY]$	1.5×10^{23}	23.17
$[ZnY]^{2-}$	3.1×10^{16}	16.49	$[Cu(OH)]^{+}$	1.0×10^{5}	5.00
$[CdY]^{2-}$	3.8×10^{16}	16.57	$[Ag(NH_3)]^{+}$	2.0×10^{3}	3.30
$[HgY]^{2-}$	6.3×10^{21}	21.79	$[Cu(NH_3)_2]^{+}$	7.4×10^{10}	10.87
$[PbY]^{2-}$	1.0×10^{18}	18.00	$[Cu(CN)_2]^{-}$	2.0×10^{38}	38.30
$[MnY]^{2-}$	1.0×10^{14}	14.00	$[Ag(NH_3)_2]^{+}$	1.7×10^{7}	7.24
$[FeY]^{-}$	2.1×10^{14}	14.32	$[Ag(En)_2]^{+}$	7.0×10^{7}	7.84
$[CoY]^{-}$	1.6×10^{16}	16.20	$[Ag(NCS)_2]^{-}$	4.0×10^{8}	8.60

附录8　常见离子和化合物的颜色

离子	颜色	化合物	颜色
$[Cu(H_2O)_4]^{2+}$	蓝色	CuO	黑色
$[Cu(NH_3)_4]^{2+}$	深蓝色	Ag_2O	褐色
$[Mn(H_2O)_6]^{2+}$	肉色	MnO_2	棕色
MnO_4^{2-}	深绿色	$Cu(OH)_2$	浅蓝色
MnO_4^-	紫红色	$Ni(OH)_2$	浅绿色
$[Fe(H_2O)_6]^{2+}$	浅绿色	$Fe(OH)_3$	红棕色
$[Fe(H_2O)_6]^{3+}$	淡紫色	$Cr(OH)_3$	灰绿色
$[Fe(NCS)_n]^{3-n}$	血红色	$AgCl$	白色
$[Co(H_2O)_6]^{2+}$	粉红色	$AgBr$	浅黄色
$[Co(NH_3)_6]^{2+}$	黄色	AgI	黄色
$[Co(NCS)_4]^{2-}$	蓝色	Ag_2CrO_4	砖红色
$[Ni(H_2O)_6]^{2+}$	亮绿色	$BaCrO_4$	浅黄色
$[Ni(NH_3)_6]^{2+}$	蓝紫色	$PbCrO_4$	黄色
CrO_4^{2-}	黄色	Ag_2S	黑色
$Cr_2O_7^{2-}$	橙色	CuI	白色
$[Cr(H_2O)_6]^{2+}$	天蓝色	CuS	黑色
$[Cr(H_2O)_6]^{3+}$	蓝紫色	MnS	肉色
		NiS	黑色

附录 9　常见化合物的相对分子质量

化合物	相对分子质量	化合物	相对分子质量
Ag_3AsO_4	462.52	$Ca(OH)_2$	74.09
$AgBr$	187.77	$Ca_3(PO_4)_2$	310.18
$AgCl$	143.32	$CaSO_4$	136.14
$AgCN$	133.89	$CdCO_3$	172.42
$AgSCN$	165.95	$CdCl_2$	183.32
Ag_2CrO_4	331.73	CdS	144.48
AgI	234.77	$Ce(SO_4)_2$	332.24
$AgNO_3$	169.87	CH_3COOH	60.05
$AlCl_3$	133.34	CH_3COONa	82.03
Al_2O_3	101.96	CH_3COONH_4	77.08
$Al(OH)_3$	78.00	C_6H_5COOH	122.12
$Al_2(SO_4)_3$	342.15	C_6H_5COONa	144.11
As_2O_3	197.84	CCl_4	153.82
As_2O_5	229.84	$CoCl_2$	129.84
As_2S_3	246.04	$Co(NO_3)_2$	182.94
$BaCO_3$	197.34	CoS	91.00
BaC_2O_4	225.35	$CoSO_4 \cdot 7H_2O$	281.10
$BaCl_2$	208.24	$CO(NH_2)_2$	60.06
$BaCrO_4$	253.32	$CrCl_3$	158.35
BaO	153.33	$Cr(NO_3)_3$	238.01
$Ba(OH)_2$	171.34	Cr_2O_3	151.99
$BaSO_4$	233.39	$CuCl$	99.00
$BiCl_3$	315.34	$CuCl_2$	134.45
$BiOCl$	260.43	$CuSCN$	121.63
CO_2	44.01	CuI	190.45
CaO	56.08	$Cu(NO_3)_2$	187.56
$CaCl_2$	111.00	CuO	79.55
$CaCO_3$	100.09	Cu_2O	143.09
CaC_2O_4	128.10	CuS	95.61
$Ca(NO_3)_2$	164.09	$CuSO_4$	159.61

续表

化合物	相对分子质量	化合物	相对分子质量
$FeCl_2$	126.75	$Hg(CN)_2$	252.63
$FeCl_3$	162.20	$HgCl_2$	271.50
$Fe(NO_3)_3$	241.86	Hg_2Cl_2	472.09
FeO	71.84	HgI_2	454.40
Fe_2O_3	159.69	$Hg_2(NO_3)_2$	525.19
Fe_3O_4	231.53	$Hg(NO_3)_2$	324.60
$Fe(OH)_3$	106.87	HgO	216.59
FeS	87.91	HgS	232.66
Fe_2S_3	207.87	$HgSO_4$	296.65
$FeSO_4 \cdot 7H_2O$	278.01	Hg_2SO_4	497.24
$Fe_2(SO_4)_3$	399.88	$KAl(SO_4)_2 \cdot 12H_2O$	474.39
$FeSO_4 \cdot (NH_4)_2SO_4 \cdot 6H_2O$	392.13	KBr	119.00
H_3AsO_3	125.94	$KBrO_3$	167.00
H_3AsO_4	141.94	KCl	74.55
H_3BO_3	61.83	$KClO_3$	122.55
HBr	80.91	$KClO_4$	138.55
HCN	27.03	KCN	65.12
$HCOOH$	46.03	$KSCN$	97.18
H_2CO_3	62.02	K_2CO_3	138.21
$H_2C_2O_4$	90.04	K_2CrO_4	194.19
$H_2C_2O_4 \cdot 2H_2O$	126.07	$K_2Cr_2O_7$	294.18
$H_2C_4H_4O_6$ (酒石酸)	150.09	$K_3Fe(CN)_6$	329.25
HCl	36.46	$K_4Fe(CN)_6$	368.35
$HClO_4$	100.46	$KHC_2O_4 \cdot H_2O$	146.14
HF	20.01	$KHC_2O_4 \cdot H_2C_2O_4 \cdot 2H_2O$	254.20
HI	127.91	$KHC_4H_4O_6$	188.18
HIO_3	175.91	$KHC_8H_4O_4$ (KHP)	204.22
HNO_3	63.01	$KHSO_4$	136.17
HNO_2	47.01	KI	166.00
H_2O	18.02	KIO_3	214.00
H_2O_2	34.02	$KIO_3 \cdot HIO_3$	389.91
H_3PO_4	98.00	$KMnO_4$	158.03
H_2S	34.08	KNO_3	101.10
H_2SO_3	82.08	KNO_2	85.10
H_2SO_4	98.08	K_2O	94.20

续表

化合物	相对分子质量	化合物	相对分子质量
KOH	56.10	$Na_2B_4O_7 \cdot 10H_2O$	381.37
K_2SO_4	174.26	$NaBiO_3$	279.97
$MgCO_3$	84.31	NaBr	102.89
$MgCl_2$	95.21	NaCN	49.01
MgC_2O_4	112.33	NaSCN	81.07
$Mg(NO_3)_2 \cdot 6H_2O$	256.41	Na_2CO_3	105.99
$MgNH_4PO_4$	137.82	$Na_2CO_3 \cdot 10H_2O$	286.14
MgO	40.30	$Na_2C_2O_4$	134.00
$Mg(OH)_2$	58.32	NaCl	58.44
$Mg_2P_2O_7 \cdot 3H_2O$	276.60	NaClO	74.44
$MgSO_4 \cdot 7H_2O$	246.48	NaF	41.99
$MnCO_3$	114.95	$NaHCO_3$	84.01
$MnCl_2 \cdot 4H_2O$	197.90	Na_2HPO_4	141.96
$Mn(NO_3)_2 \cdot 6H_2O$	287.04	NaH_2PO_4	120.00
MnO	70.94	$Na_2H_2Y \cdot 2H_2O$	372.24
MnO_2	86.94	NaI	149.89
MnS	87.00	$NaNO_2$	69.00
$MnSO_4$	151.00	$NaNO_3$	85.00
NO	30.01	Na_2O	61.98
NO_2	46.01	Na_2O_2	77.98
NH_3	17.03	NaOH	40.00
$NH_3 \cdot H_2O$	35.05	Na_3PO_4	163.94
NH_4Cl	53.49	Na_2S	78.05
$(NH_4)_2CO_3$	96.09	Na_2SO_3	126.04
$(NH_4)_2C_2O_4$	124.10	$Na_2S_2O_3$	158.11
$NH_4Fe(SO_4)_2 \cdot 12H_2O$	482.19	Na_2SO_4	142.04
NH_4SCN	76.12	$NiCl_2 \cdot 6H_2O$	237.69
NH_4HCO_3	79.06	NiO	74.69
$(NH_4)_2MoO_4$	196.04	$Ni(NO_3)_2 \cdot 6H_2O$	290.79
NH_4NO_3	80.04	NiS	90.77
$(NH_4)_2HPO_4$	132.06	$NiSO_4 \cdot 7H_2O$	280.86
$(NH_4)_2S$	68.14	P_2O_5	141.91
$(NH_4)_2SO_4$	132.14	$PbCO_3$	267.20
Na_3AsO_3	191.89	PbC_2O_4	295.22
$Na_2B_4O_7$	201.22	$PbCl_2$	278.10

续表

化合物	相对分子质量	化合物	相对分子质量
$PbCrO_4$	323.20	$SnCl_4$	260.52
$Pb(CH_3COO)_2$	325.30	SnO_2	150.71
$Pb(CH_3COO)_2 \cdot 3H_2O$	427.30	SnS	150.78
PbI_2	461.00	$SrCO_3$	147.63
$Pb(NO_3)_2$	331.20	SrC_2O_4	175.64
PbO	223.20	$SrCrO_4$	203.61
PbO_2	239.20	$Sr(NO_3)_2$	211.63
$Pb_3(PO_4)_2$	811.54	$SrSO_4$	183.68
PbS	239.30	$UO_2(CH_3COO)_2 \cdot 2H_2O$	422.13
$PbSO_4$	303.27	WO_3	231.84
SO_3	80.06	$ZnCO_3$	125.40
SO_2	64.06	$ZnCl_2$	136.29
$SbCl_3$	228.12	$Zn(CH_3COO)_2$	183.48
$SbCl_5$	299.02	$Zn(NO_3)_2$	189.40
Sb_2O_3	291.52	ZnO	81.39
Sb_2S_3	339.72	ZnS	97.46
SiF_4	104.08	$ZnSO_4$	161.45
SiO_2	60.08		
$SnCO_3$	178.82		
$SnCl_2$	189.62		

参考文献

[1]金建忠. 基础化学实验. 杭州:浙江大学出版社,2009.

[2]刘维桥. 基础化学实验. 成都:西南交通大学出版社,2008.

[3]南京大学. 大学化学实验. 2 版. 北京:高等教育出版社,2010.

[4]武汉大学化学与分子科学学院实验中心. 无机化学实验. 武汉:武汉大学出版社，2002.

[5]北京师范大学无机教研室. 无机化学实验. 3 版. 北京:高等教育出版社,2002.

[6]曹凤歧. 无机化学实验与指导. 2 版. 北京:中国医药科技出版社,2006.

[7]毛海荣. 无机化学实验. 南京:东南大学出版社,2006.

[8]魏琴,盛永丽. 无机及分析化学实验. 北京:科学出版社,2008.

[9]侯振雨. 无机及分析化学实验. 北京:化学工业出版社,2006.

[10]李生英,白林,徐飞. 无机化学实验. 北京:化学工业出版社, 2007.

[11]揭念琴. 基础化学. 2 版. 北京:中国农业大学出版社,2007.

[12]蔡炳新. 基础化学实验. 北京:科学出版社,2001.

[13]北京大学化学系分析化学教研组. 基础分析化学实验. 3 版. 北京:北京大学出版社,2010.

[14]彭崇慧,冯建章,张锡瑜编著. 李克安,赵凤林修订. 分析化学:定量化学分析简明教程. 3 版. 北京:北京大学出版社,2009.

[15]叶宪曾,张新祥,等. 仪器分析教程. 2 版. 北京:北京大学出版社,2007.

[16]Skoog D A,Leary J J. Principles of Instrumental Analysis. 4th ed. Barcourt Brace College Publishers,1992.

[17]Masterton W L,Hurley C N. Chemistry Principles and Reactions. 2nd ed. Saunders College Publishing,1993.